DOCENTE: PROF.SSA LAURA PIROTTA

Corso base di neurofisiologia e neuroscienze

Canale youtube: https://www.youtube.com/laurapirotta

Il corso di neurofisiologia e neuroscienze include una serie di video-lezioni contenute all'interno del mio canale youtube nella playlist dedicata.
Buona visione!

Indice

1. Introduzione alle neuroscienze

Questa è la prima lezione del corso base di neuroscienze che include una serie di videolezioni riguardanti neurofisiologia, neuropsicologia, neurobiologia e altre materie correlate alle neuroscienze.

Mi preme sottolineare che non sono un medico e non ho studiato medicina, bensì sono laureata in psicologia, per cui la materia verrà trattata con l'obiettivo di fornire informazioni utili a chi sta studiando psicologia e a tutti i non addetti ai lavori che vogliono conoscere maggiormente il funzionamento del nostro corpo, in special modo del nostro cervello. Nessuna lezione ha, chiaramente, pretesa di esaustività bensì vogliono essere un'infarinatura generale su alcuni argomenti di neuroscienze con un linguaggio semplice in modo che sia comprensibile a tutti.

Per la tipologia di argomento che andiamo a trattare e per la sua complessità, le videolezioni sono numerate e seguono una sequenza logica che vi consenta ad ogni lezione di aggiungere un tassello di conoscenza in più sull'argomento. Sarebbe, infatti, impensabile fare delle video-lezioni avulse l'una dall'altra come è il caso di altri corsi. Il corpo umano è di una complessità incredibile e ogni videolezione aggiungerà un pezzettino di conoscenza in più per avere, in ultimo, una visione d'insieme più completa possibile. Dopo questo doveroso preambolo, iniziamo questa fantastica avventura nel mondo delle neuroscienze spiegando, innanzitutto, che cosa sono le neuroscienze e qual è il rapporto tra neuroscienze e psicologia.

Che cosa studiano le neuroscienze?

Le neuroscienze hanno come oggetto di studio i neuroni e le loro interazioni che costituiscono le reti neuronali. Lo studio dei neuroni ha il duplice obiettivo di osservarne la struttura e il funzionamento e di individuare come neuroni e reti neurali siano alla base di comportamenti semplici e complessi dell'individuo.

Il campo di applicazione delle neuroscienze è molto esteso e coinvolge l'anatomia, la biochimica, la fisiologia, la farmacologia, la genetica, l'immunologia, le patologie del sistema nervoso e periferico ma anche la psicologia e, più in generale, le scienze cognitive proprio perché lo scopo ultimo è la comprensione dei comportamenti umani.

L'unione tra scienze cognitive, teoria della mente e neuroscienze dà vita alle neuroscienze cognitive, una branca delle neuroscienze che si occupa specificatamente di tutti i processi cognitivi dell'individuo.

Qual è la differenza tra neuroscienze cognitive e psicologia?

La psicologia classica studia l'individuo a partire dall'alto della questione, cioè dalla coscienza per poi, a mano a mano, arrivare a capirne i meccanismi neurologici alla base. Le neuroscienze, invece, fanno l'esatto opposto, partendo da quelli che sono i meccanismi scientifici che stanno alla base del comportamento, per poi arrivare, piano piano, ad elementi più alti e astratti.

Ad ogni modo, le neuroscienze non possono prescindere dalla psicologia e viceversa proprio perché studiano il comportamento umano in modo diverso completandosi a vicenda. Infatti, le neuroscienze hanno bisogno della psicologia per spiegare a fondo il comportamento umano, mentre, invece, la psicologia ha bisogno delle neuroscienze per spiegarne i meccanismi alla base.

Le neuroscienze moderne nascono a cavallo tra l'800 e il '900 con Camillo Golgi, premio Nobel nel 1906 e considerato il padre delle neuroscienze. Suoi degni successori sono Neher e Sakmann, anche loro vincitori del premio Nobel nel 1991.

NASCITA DELLE NEUROSCIENZE

A CAVALLO TRA 800 E 900

CAMILLO GOLGI
PADRE DELLE NEUROSCIENZE

NEHER - SAKMANN
EREDI

Abbiamo visto che le neuroscienze studiano i neuroni e il loro funzionamento all'interno del corpo umano. Nelle prossime lezioni scopriremo insieme che cos'è esattamente il neurone, da quali parti è composto e quali sono le sue funzioni e i suoi comportamenti all'interno di quella macchina perfetta che è il nostro corpo.

2. Il sistema nervoso e le tipologie cellulari

Il sistema nervoso si divide in: sistema nervoso centrale (SNC) e sistema nervoso periferico (SNP).

1. **Il sistema nervoso centrale**, anche detto **SNC**, comprende l'encefalo e il midollo spinale.
2. **Il sistema nervoso periferico**, anche detto **SNP**, comprende i nervi che trasportano informazioni a tutti gli organi e tessuti.

Sono possibili altre suddivisioni. Ad esempio, il sistema nervoso autonomo (SNA), compreso in parte nel SNC ed in parte nel SNP, che regola le principali funzioni della vita vegetativa.

Il sistema nervoso è costituito fondamentalmente da due tipi cellulari:

1. i neuroni;
2. le cellule gliali.

I **neuroni** sono strutture cellulari eccitabili altamente specializzate che recepiscono input da stimoli esterni o da altri neuroni, elaborano e integrano le informazioni ricevute e le trasmettono ai neuroni bersaglio o a cellule specializzate nell'elaborazione del movimento.

Le **cellule gliali** sono cellule meno complesse che svolgono un'attività di supporto nei confronti dei neuroni stessi. Ci sono tre tipi di cellule gliali: astrociti, oligodendrociti, microglia (si pronuncia *microglìa* con l'accento sulla i).

La principale differenza tra neuroni e cellule gliali è legata alla loro diversa funzione all'interno del nostro organismo. I neuroni hanno, infatti, il compito di ricevere informazioni, elaborarle ed inviarle. In sostanza, svolgono un ruolo di ricezione e trasmissione delle informazioni all' interno del nostro organismo. Le cellule gliali, invece, non hanno questo compito ma hanno, comunque, un'importanza strategica in quanto nutrono i neuroni con sostanze ad hoc proteggendoli con i loro prolungamenti e dando vita alla sostanza isolante che garantisce la conduzione dell'assone, chiamata guaina mielinica. Svolgono, quindi, un ruolo protettivo e di nutrimento dei neuroni.

3. Il neurone: morfologia e funzione

In questa lezione vediamo insieme che cos'è il neurone e di quali parti è composto. Nelle prossime lezioni, invece, approfondiremo le sue funzioni all'interno del sistema nervoso.

Il neurone è la cellula più complessa del corpo umano ed è strutturata per svolgere l'importantissima funzione di ricezione delle informazioni trasmesse dai neuroni emittenti, integrarle ed elaborarle e a sua volta inviarle ai neuroni bersaglio costituendo una fitta rete di comunicazione sempre attiva. Il neurone ha, quindi, una funzione ricevente detta di input e una funzione emittente detta di output.

- La funzione di input consiste nel recepire le informazioni che arrivano sia dall'ambiente circostante, attraverso canali sensoriali come la vista, l'udito, l'olfatto, il gusto e il tatto, sia dall'interno dell'organismo come, per esempio, i dolori viscerali.
- La funzione di output consiste nel trasmettere a sua volta le informazioni all'esterno.

Torneremo sulla sua funzione nella lezione seguente. Quello che ci serve sapere ora è che il neurone riceve informazioni ed invia informazioni.

Il neurone è costituito da tre componenti principali: soma, dendriti, assone.

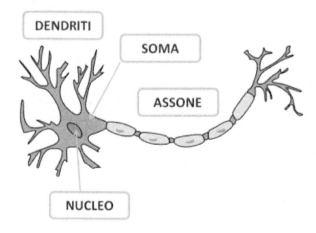

(Immagine modificata tratta da: https://pixabay.com/it/neurone-cellula-nervosa-assone-296581)

Il soma o corpo cellulare, che contiene nucleo e citoplasma ed è rappresentato, nell'immagine, come una piccola pallina. Da adesso in avanti il corpo del neurone verrà chiamato con il suo termine tecnico, ossia soma.

I dendriti, invece, sono ramificazioni che si articolano dal soma e sono come antenne che captano i segnali in entrata. La particolare conformazione dell'insieme dei dendridi di un neurone viene definita "albero dendridico" perché appare come una fitta rete di ramificazioni che ricordano i rami di un albero. I dendridi di un neurone non sono tutti equivalenti: i dendridi che originano dal soma sono più grandi e robusti (come i rami di un albero che si diramano dal tronco), quelli che invece si diramano da altri rami sono più piccoli e sottili. Nell'immagine, i dendriti sono le ramificazioni arancioni che si articolano dal soma.

L'assone è il trasmettitore dell'informazione che origina dal soma esattamente come i dendriti, ma consiste in un unico prolungamento che tende ad assottigliarsi molto dopo aver percorso una breve distanza. Ha una lunghezza variabile che può oscillare da qualche micron fino ad arrivare a diversi centimetri. Il punto in cui l'assone origina dal soma viene definito SIA. Nell'immagine, l'assone è quel prolungamento di un nero più scuro.

Per ricapitolare, abbiamo: il corpo cellulare del neurone, detto soma, i dendriti ed infine l'assone.

La zona del neurone deputata all'input è caratterizzata dai dendriti i quali ricevono le informazioni provenienti dall'esterno del neurone, le elaborano e le inviano al soma il quale si occupa di integrarle.

La zona del neurone deputata all'output è, invece, **l'assone** che invia le informazioni all'esterno del neurone. Quindi l'input è recepito dai dendriti, e l'output è inviato dall' assone.

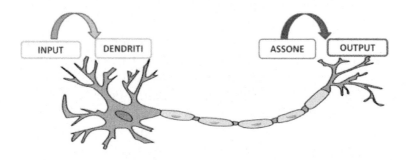

Le informazioni possono essere destinate:

- ai muscoli scheletrici (per i movimenti del nostro corpo);
- ai muscoli lisci viscerali (per presidiare funzioni vitali come la peristalsi intestinale);
- al muscolo striato cardiaco (per regolare la frequenza cardiaca).

In questa immagine vedete che l'assone passa le informazioni ad un altro neurone attraverso quel processo di trasmissione chiamato sinapsi, che vedremo successivamente.

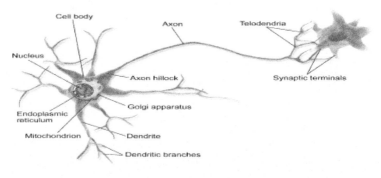

(Immagine originale: https://en.wikipedia.org/wiki/Pre-B%C3%B6tzinger_complex)

È, quindi, chiara l'importanza vitale che il singolo neurone svolge all'interno del sistema nervoso centrale. Danni che possono occorrere anche ad un solo neurone del sistema nervoso centrale, o ad un fascio di essi, può interrompere la fase di elaborazione, quella di ricezione o quella di trasmissione e provocare problematiche come, per esempio la paralisi.

4. Il neurone – l'assone

Nella lezione precedente, abbiamo visto insieme che il neurone è composto da dendriti, soma e assone. Ora approfondiamo nello specifico l'assone e, soprattutto, la modalità con cui vengono trasmesse le informazioni al di fuori del neurone.

Come abbiamo detto, l'assone è quel singolo prolungamento che origina dal soma, e che è il responsabile dell'output, ossia dell'invio di informazioni all'esterno del neurone.

Dall'assone possono formarsi diverse ramificazioni esattamente come per i dendriti ma, a differenza dei dendriti, queste ramificazioni non nascono subito dal soma bensì dalla **branca principale dell'assone**. Quindi, dal corpo del neurone nasce uno e un solo assone che, però, dopo qualche micron o qualche centimetro, potrà generare diverse ramificazioni chiamate **branche collaterali**.

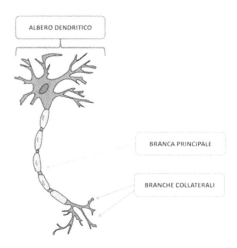

Come vedete dalla foto, infatti, i dendriti nascono subito dal soma con le loro ramificazioni mentre l'assone origina dal soma come unico prolungamento, detto branca principale, e si ramifica solo nella parte terminale con delle branche cosiddette collaterali. Queste branche collaterali hanno, spesso, un diametro minore rispetto alla branca principale, come nel caso della foto.

I terminali assonali, anche detti **terminazioni sinaptiche**, saranno, quindi, più di uno. Per l'esattezza, ogni terminale assonale darà vita a una ramificazione. Facciamo un esempio. L'assone che termina con una ramificazione di dieci branche collaterali, avrà dieci terminali assonali, ossia dieci punti in cui l'assone termina il suo percorso. È, quindi, chiaro che l'informazione in output, ossia in uscita, può essere trasmessa a più neuroni contemporaneamente, nel nostro esempio a dieci neuroni contemporaneamente. Detto in modo metaforico, il messaggio trasmesso dal neurone può essere ricevuto simultaneamente da diversi destinatari, sia che siano neuroni o altre cellule specializzate. Per semplicità espositiva, nelle lezioni, parlerò sempre di trasmissione di informazioni tra neuroni.

A seconda della lunghezza dell'assone, possiamo distinguere due tipologie di neuroni: i neuroni di proiezione e gli interneuroni.

I neuroni di proiezione sono caratterizzati da un assone lungo che può arrivare anche fino a 3 metri. I terminali assonali sono, quindi, molto lontani dal soma e le informazioni che trasmetteranno saranno a neuroni molto distanti.

Gli interneuroni: sono caratterizzati da un assone breve che termina nei dintorni del soma, anche dopo pochi millimetri. Questi neuroni formano un circuito locale di trasmissione di informazioni.

Ma vediamo più da vicino un terminale assonale che, abbiamo detto, essere la parte terminale dell'assone. Osservandolo al microscopio, ci si è resi conto che il terminale assonale è caratterizzato da un piccolo rigonfiamento. Questo rigonfiamento viene anche detto bottone terminale.

Dentro il bottone terminale troviamo delle strutture tondeggianti, dette **vescicole sinaptiche**. Nell'immagine sono quelle piccole palline all'interno del bottone terminale. I bottoni terminali, come abbiamo detto in precedenza, sono le terminazioni assonali e hanno l'importante ruolo di trasmettere le informazioni ad un altro neurone, generalmente al dendrite di un altro neurone. Nella prossima lezione, vediamo come avviene il passaggio di informazioni da neurone a neurone attraverso delle strutture che consentono proprio questo passaggio e che vengono comunemente chiamate sinapsi.

VESCICOLE SINAPTICHE

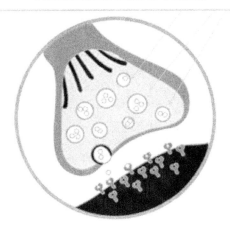

(Immagine originale: https://pixabay.com/it/scienza-neurone-sinapsi-biologia-305773/)

5. Il neurone: le sinapsi

Nella lezione precedente, abbiamo detto che l'assone è quel prolungamento del neurone che trasmette le informazioni all'esterno del neurone stesso.

Nello specifico, abbiamo visto che le terminazioni dell'assone, dette terminali assonali o terminazioni sinaptiche, hanno un rigonfiamento, detto bottone terminale, all'interno del quale si trovano delle vescicole sinaptiche. Vediamo adesso come avviene il passaggio di informazioni tra neurone e neurone parlando proprio delle strutture che ne consentono il passaggio: le sinapsi.

Ecco qui due neuroni. Un neurone detto presinaptico, che è il trasmettitore dell'informazione, e un neurone detto postsinaptico, che è il ricevente dell'informazione.

Abbiamo, quindi, due elementi nella sinapsi:

1. **un bottone terminale** che appartiene all'assone del neurone trasmittente. La membrana che circonda il bottone terminale è detta membrana presinaptica;

2. **una struttura del neurone ricevente**, generalmente un dendrite (dico generalmente perché esistono altre possibilità che vedremo a breve). Noi, per ora, continuiamo a parlare del canonico iter input – output, dove in input c'è un dendrite e in output c'è un assone. Anche la struttura ricevente è circondata da membrana definita membrana post-sinaptica.

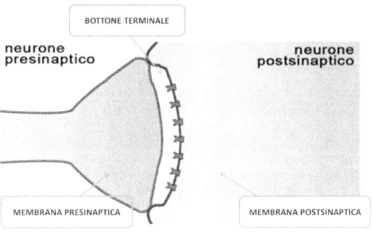

BOTTONE TERMINALE

neurone presinaptico

neurone postsinaptico

MEMBRANA PRESINAPTICA

MEMBRANA POSTSINAPTICA

(Immagine modificata a partire da: https://it.wikipedia.org/wiki/Sinapsi)

Per cui abbiamo, una membrana presinaptica e una postsinaptica. Questi sono i due elementi sempre presenti in una sinapsi.

Le sinapsi si distinguono in: sinapsi elettriche e sinapsi chimiche.

Le sinapsi elettriche sono quelle sinapsi in cui il segnale passa direttamente da un neurone all'altro attraverso strutture chiamate gap junctions. È come se queste strutture fossero dei ponti tra le membrane neuronali che consentono il passaggio di ioni dal citoplasma di una cellula a quella dell'altra. Gli ioni sono carichi elettricamente e trasmettono segnali elettrici. Ecco perché il passaggio di informazioni avviene direttamente senza alcuna intermediazione. Nella corteccia cerebrale possiamo trovare, per esempio, molti interneuroni collegati tra loro proprio da gap junctions. In realtà, però, le sinapsi elettriche sono meno importanti rispetto a quelle chimiche che vediamo ora.

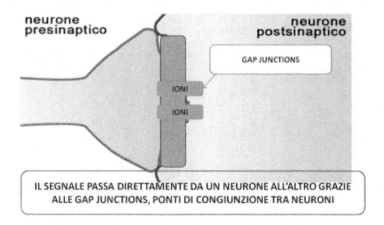

IL SEGNALE PASSA DIRETTAMENTE DA UN NEURONE ALL'ALTRO GRAZIE ALLE GAP JUNCTIONS, PONTI DI CONGIUNZIONE TRA NEURONI

Le sinapsi chimiche sono sinapsi che avvengono senza il contatto diretto della membrana presinaptica con la membrana postsinaptica che risultano di fatto divise da un terzo elemento della sinapsi che è la fessura sinaptica, ossia uno spazio extracellulare che divide l'assone del primo neurone dal dendrite del secondo neurone. Come vedete da questa immagine, i due neuroni non sono a contatto tra loro ma c'è uno spazio extracellulare che viene appunto chiamato fessura sinaptica. Nonostante questa fessura, nella sinapsi l'informazione viene veicolata dal neurone presinaptico a quello postsinaptico tramite il rilascio di neurotrasmettitori. Approfondiremo le sinapsi chimiche nella lezione dedicata.

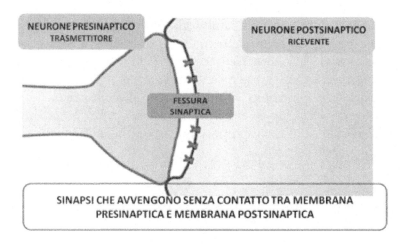

SINAPSI CHE AVVENGONO SENZA CONTATTO TRA MEMBRANA PRESINAPTICA E MEMBRANA POSTSINAPTICA

Finora ho parlato di una sinapsi che parte da un assone per arrivare ad un dendrite. Questo tipo di sinapsi è detta asso-dendritica ed è quella più comune. Ci sono, però, eccezioni che elenco brevemente per onore di cronaca: oltre alle **sinapsi assodendritiche**, dove la trasmissione avviene tra assone in output e dendrite in input, abbiamo le **sinapsi assosomatiche** dove la trasmissione in output è sempre da parte dell'assone ma chi riceve, questa volta, è il corpo del neurone direttamente, ossia il soma. Infine, ci sono le **sinapsi assoassoniche** dove chi riceve le informazioni è direttamente l'assone dell'altro neurone. Noi continueremo, per convenzione, sempre a parlare di sinapsi assodendritiche.

6. Il potenziale d'azione e i potenziali postsinaptici

Nella lezione precedente, abbiamo visto che la struttura che consente il passaggio di informazioni tra un neurone e l'altro viene detta sinapsi. Per poter spiegare la sinapsi è, però, necessario fare un passo indietro e spiegare, prima di tutto, come l'impulso elettrico passa all'interno del neurone, sia in ingresso che in uscita. Per comprendere il funzionamento del neurone e di come trasmette le informazioni dovrete guardare tutti i video dedicati al neurone perché ogni video aggiunge un piccolo pezzettino al quadro d'insieme.

Potenziale d'azione: impulso che corre lungo l'assone

Iniziamo la lezione partendo dall'impulso che attraversa tutto l'assone fino a raggiungere il terminale assonale. Si tratta di un fenomeno elettrico della durata di un millisecondo (del tipo "tutto o niente") chiamato potenziale d'azione, che ha il suo innesco nel segmento iniziale dell'assone (SIA) e si propaga fino al bottone presinaptico collocato sull'estremità del terminale assonale. Ecco che l'impulso nervoso è pronto per essere trasmesso al di fuori del neurone verso altri neuroni.

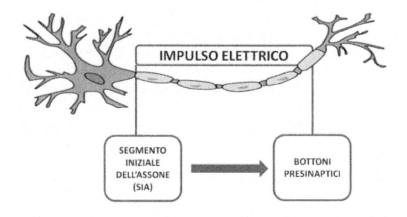

È curioso sapere che l'assone può essere attraversato da molteplici potenziali d'azione nell'unità di tempo. Il numero dei potenziali d'azione che percorrono un assone nell'unità di tempo viene definito frequenza dei potenziali d'azione, anche detta frequenza di scarica e viene misurata in millivolt. Un neurone, infatti, può scaricare tanti o pochi potenziali d'azione nell'unità di tempo ma la cosa fondamentale da sapere è che comunque sia, a prescindere dalla quantità, il neurone scaricherà SEMPRE potenziali d'azione. L'attività del neurone è, quindi, valutata sulla base del numero di scariche attivate nell'unità di tempo che, quanto più sarà elevata, tanto più indicherà un neurone attivo.

Un'altra cosa importante da sapere sui potenziali d'azione è che questi sono tutti uguali tra loro, nel senso che hanno tutti lo stesso voltaggio, ciò che cambia è solo e soltanto la frequenza di scarica.

Potenziale postsinaptico: impulso che investe il dendrite

Parliamo ora dell'impulso elettrico che investe il dendrite del neurone ricevente. Questo impulso viene chiamato **potenziale postsinaptico** proprio perché corre lungo il dendrite del neurone ricevente, anche detto postsinaptico.

I potenziali postsinaptici si innescano in seguito all'attivazione del neurone presinaptico trasmittente che scarica il potenziale d'azione lungo l'assone e attiva la sinapsi provocando una reazione a cascata sul neurone ricevente.

I potenziali postsinaptici, a differenza dei potenziali d'azione, non sono tutti uguali e si possono dividere in due tipologie:

1. il potenziale postsinaptico eccitatorio (detto PPSE);
2. il potenziale postsinaptico inibitorio (detto PPSI).

Il potenziale postsinaptico sarà di tipo eccitatorio quando il neurone presinaptico attivato rilascia i neurotrasmettitori che generano una sinapsi eccitatoria. Viceversa, quando il neurone presinaptico attivato rilascia neurotrasmettitori inibitori, il potenziale postsinaptico sarà di tipo inibitorio.

7. La sinapsi chimica

Prima di iniziare questa lezione, vi pongo una domanda. Com'è possibile che il potenziale d'azione che investe la membrana presinaptica possa raggiungere la membrana postsinaptica se nella sinapsi chimica uno spazio extracellulare separa i due neuroni? Questa distanza viene colmata grazie all'intervento di "messaggeri" che operano una trasmissione chimica delle informazioni e non elettrica come, invece, avviene nella sinapsi elettrica dove i due neuroni sono in contatto tra di loro tramite le gap junctions. La sinapsi chimica funziona grazie ad una reazione chimica.

Nelle lezioni precedenti vi ho parlato del bottone terminale dell'assone, che è la parte terminale dell'assone dove c'è un rigonfiamento e al suo interno si trovano delle piccole palline (le vescicole sinaptiche). Queste vescicole si aprono e rilasciano i messaggeri chimici, detti neurotrasmettitori. I neurotrasmettitori vengono rilasciati nella fessura sinaptica e si vanno a legare con i loro specifici recettori che si trovano sulla membrana postsinaptica. In questa immagine trovate i neurotrasmettitori e i recettori in blu.

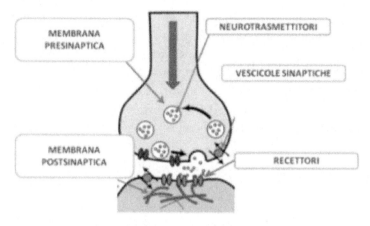

(Immagine modificata a partire da:
https://commons.wikimedia.org/wiki/File:SynapseIllustration2.png)

Il potenziale d'azione che raggiunge il bottone terminale,
determina l'apertura delle vescicole sinaptiche che
rilasciano i neurotrasmettitori nella fessura sinaptica e si
vanno a legare con i loro specifici recettori che si trovano
sulla membrana postsinaptica

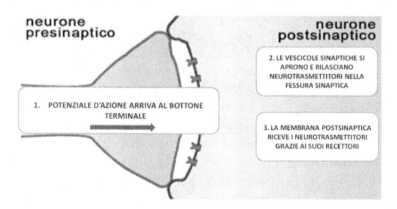

Facciamo un esempio concreto con il rilascio di
glutammato che è il principale neurotrasmettitore presente
nel SNC. Il neurone ricevente attiverà sulla membrana
postsinaptica gli specifici recettori del glutammato in modo
che neurotrasmettitore e recettore si possano legare e
ricevere l'informazione.

La quantità di neurotrasmettitori rilasciati dalla membrana presinaptica è direttamente proporzionale all'attività del neurone, in modo che all'aumentare dell'attività del neurone presinaptico (in termini di frequenza di scarica di potenziali d'azione) verso il terminale assonale, aumenterà di conseguenza la quantità di ioni di calcio che entrano nel terminale assonale, determinando un aumento del numero di vescicole che rilasciano neurotrasmettitore nella fessura. È l'attività del neurone presinaptico a determinare in modo direttamente proporzionale il numero di neurotrasmettitori che rilascerà.

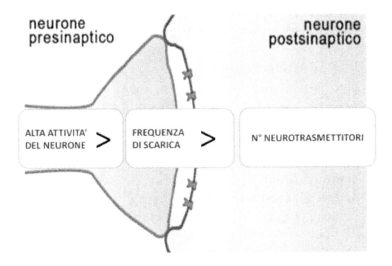

Le vescicole presenti nel bottone del terminale assonale presinaptico contengono, secondo la teoria classica, un solo tipo di neurotrasmettitore che può essere eccitatorio o inibitorio.

Se le vescicole contengono e liberano nella fessura sinaptica un neurotrasmettitore eccitatorio, il neurone verrà definito eccitatorio, ed eccitatori saranno i legami sinaptici che questo neurone istituisce. Se le vescicole contengono e liberano nella fessura sinaptica un neurotrasmettitore inibitorio, il neurone verrà definito inibitorio, ed inibitori saranno i legami sinaptici.

Tra i neurotrasmettitori eccitatori presenti nel sistema nervoso centrale il principale è il glutammato (un aminoacido) e le sinapsi che utilizzano questo neurotrasmettitore sono definite glutammatergiche.

Tra i neurotrasmettitori inibitori, invece, il principale è il GABA (un aminoacido che si chiama, per esteso, *acido gamma amminobutirrico*) e le sinapsi che lo utilizzano sono dette GABAergiche.

8. Neurotrasmettitori e recettori

Nella lezione precedente, abbiamo parlato della sinapsi chimica che avviene tramite il rilascio da parte del neurone trasmittente di neurotrasmettitori che vengono liberati nella fessura sinaptica e, successivamente, ricevuti dal neurone ricevente.

I neurotrasmettitori possono essere eccitatori o inibitori a seconda di cosa innescano nel neurone ricevente. Un neurotrasmettitore eccitatorio renderà il neurone ricevente eccitatorio, mentre un neurotrasmettitore inibitorio renderà il neurone ricevente inibitorio.

Il neurotrasmettitore eccitatorio più frequente nel SNC è il glutammato, il quale genera delle sinapsi dette glutammatergiche, le quali sono generalmente asso-dendritiche. Di solito, i neuroni eccitatori sono di proiezione ad assone lungo.

Il neurotrasmettitore inibitorio più frequente è, invece, **il GABA** (acronimo di acido gamma amminobutirrico) e genera delle sinapsi dette gabaergiche. Spesso, le sinapsi sono asso-somatiche e generate da interneuroni, ossia neuroni a circuito locale. Queste regole non sempre sono valide (per esempio, esistono anche interneuroni eccitatori glutammatergici).

Entrambi questi neurotrasmettitori sono aminoacidi.

Esistono altri tipi di neurotrasmettitori costituiti da piccole molecole, spesso derivate da aminoacidi. I più famosi sono: la dopamina, la noradrenalina, l'acetilcolina e la serotonina.

- **La dopamina** deriva dall'aminoacido tirosina. La carenza di dopamina è la causa della malattia di Parkinson.
- **La noradrenalina** è un neurotrasmettitore presente in alcuni neuroni del tronco dell'encefalo. È, inoltre, un neurotrasmettitore di una parte del sistema nervoso autonomo.
- **L'acetilcolina** è il neurotrasmettitore della giunzione neuromuscolare ed è molto usato anche nel sistema nervoso autonomo.
- **La serotonina** è un neurotrasmettitore derivato dall'aminoacido triptofano e ricopre un ruolo di rilievo nella genesi della depressione.

Oltre ai neurotrasmettitori di cui abbiamo parlato (spesso definiti classici) esistono molti neurotrasmettitori costituiti da catene di aminoacidi: si tratta cioè di peptidi. I **neurotrasmettitori peptidici (spesso definiti neuropeptidi)** a volte coesistono in un neurone con un neurotrasmettitore classico, svolgendo una funzione di modulazione della sinapsi (mentre il neurotrasmettitore classico assicura la trasmissione "veloce" dei segnali). I principali neuropeptidi sono la colecistochinina, la somatostatina, il neuropeptide Y (NPY).

Nell'immagine seguente trovate un quadro di insieme dei neurotrasmettitori, divisi in neurotrasmettitori classici e neurotrasmettitori peptidici.

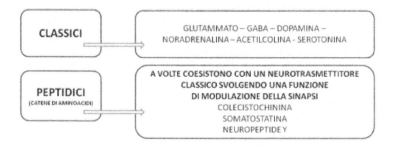

Abbiamo, quindi, visto che, nelle sinapsi chimiche, il neurone trasmittente rilascia neurotrasmettitori che vengono ricevuti dal neurone ricevente.

Come vengono ricevuti? Attraverso appositi recettori che catturano i neurotrasmettitori che si trovano nella fessura sinaptica e li ricevono all'interno della membrana postsinaptica. Nella figura li vedete come delle piccole porticine viola che si trovano nella membrana postsinaptica.

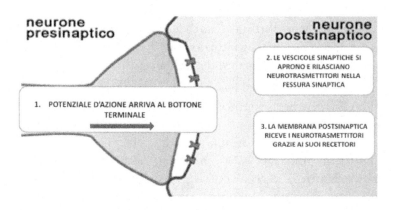

Abbiamo visto che esistono moltissimi neurotrasmettitori, quindi, ci possiamo immaginare che esistano anche molti recettori. In effetti, per ogni neurotrasmettitore ci sono diversi tipi di recettori e la funzione del neurotrasmettitore può cambiare a seconda del tipo di recettore cui si lega sulla membrana postsinaptica.

Il tipico esempio è rappresentato dal glutammato, che può avere diversi tipi di recettori:

- ionotropici, cioè dei canali ionici ligand gated come i recettori AMPA e NMDA;
- metabotropici, cioè non accoppiati a un canale ionico.

9. Le cellule gliali

Vi ricordate che, all'inizio delle lezioni di neuroscienze, abbiamo detto che ci sono due tipologie cellulari nel sistema nervoso? Ci sono i neuroni, di cui abbiamo ampiamente parlato, e le cellule gliali. In questa lezione andiamo a conoscere meglio le cellule gliali e la loro importante funzione all'interno del sistema nervoso.

Le cellule gliali sono delle particolari cellule del sistema nervoso che hanno funzioni decisamente diverse rispetto a quelle dei neuroni. Infatti, i neuroni hanno la funzione di ricevere e trasmettere informazioni, mentre le cellule gliali possono essere definite come le cellule di supporto per i neuroni.

Le cellule gliali svolgono due macro-funzioni: la funzione di sviluppo e sostegno neuronale e la funzione di protezione neuronale.

Funzione di sviluppo e sostegno neuronale

Innanzitutto, le cellule gliali rendono possibile lo sviluppo neuronale, ossia danno forma e sostengono il tessuto nervoso. Infatti, durante lo sviluppo del sistema nervoso centrale, alcune cellule della glia consentono ai neuroni di migrare dalla sede d'origine embrionale fino alla sede definitiva nel sistema nervoso maturo.

Funzione di protezione neuronale

Oltre all'importante responsabilità nello sviluppo neuronale, le cellule gliali sono importanti anche dopo lo sviluppo per il ruolo protettivo che svolgono nei confronti del neurone.

Infatti, vedremo a breve che alcune cellule gliali proteggono i neuroni dall'ambiente circostante e sono, quindi, responsabili della pulizia delle cellule morte del neurone e, soprattutto, della pulizia delle sostanze estranee che potrebbero danneggiare il neurone stesso. Svolgono, quindi, una funzione fagocitaria.

Altre cellule gliali, invece, hanno un'importante funzione di protezione dell'assone attraverso la mielina, di cui parleremo nella prossima lezione. Questa protezione consente una conduzione efficiente dell'impulso elettrico tra neurone e neurone e, quindi, un passaggio efficace ed efficiente di informazioni. Infine, le cellule gliali sono altresì fondamentali nella creazione della barriera emato–encefalica. Sostanzialmente, le cellule della glia ricoprono i neuroni presenti nell'encefalo dal contatto con i vasi sanguigni. Così facendo impediscono a tutte le sostanze potenzialmente pericolose, circolanti nel sangue, di filtrare all'interno del sistema nervoso danneggiandolo.

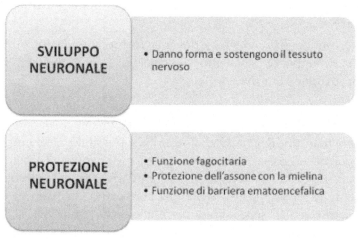

Le cellule gliali si suddividono in tre tipologie:

- astrociti;
- oligodendrociti;
- microglia.

Gli astrociti sono le cellule gliali più numerose e si trovano nel sistema nervoso centrale.

Queste le principali funzioni degli astrociti:

- sono importanti nella crescita dell'assone;
- svolgono un ruolo fondamentale nello sviluppo cerebrale perché fungono da impalcatura durante lo sviluppo del SNC consentendo ai neuroni di spostarsi lungo il sistema nervoso dal loro sito di origine embrionale a quello definitivo del sistema nervoso maturo.

Gli Oligodendrociti sono cellule della glia presenti esclusivamente nel SNC e hanno la specifica funzione di ricoprire, con i loro prolungamenti, gli assoni dei neuroni.

La struttura utilizzata dagli oligodendrociti per effettuare questa funzione è la mielina, di cui parleremo nella prossima lezione. Per ora basti sapere che la guaina mielinica serve a proteggere l'assone e, allo stesso tempo, serve per isolarlo dall'esterno in modo tale che la propagazione dell'impulso elettrico sia più veloce, efficiente ed efficace esattamente come avviene coi fili elettrici.

Infine, abbiamo i **microglia** che sono delle cellule gliali adibite alla protezione del sistema immunitario.

Sono dei veri e propri globuli bianchi del sistema nervoso, adibiti a funzioni di eliminazione delle sostanze che possono danneggiare il neurone.

Nella prossima lezione approfondiamo insieme la guaina mielinica che ricopre l'assone del neurone.

10. La mielina e la guaina mielinica

Nella lezione precedente, abbiamo parlato delle cellule gliali che sono cellule molto importanti perché fungono da sostegno e protezione per i neuroni.

Tra queste cellule gliali ci sono gli oligodendrociti che esistono esclusivamente nel SNC e hanno un importante ruolo di protezione dell'assone.
Come avviene questa protezione?
Attraverso la cosiddetta mielinizzazione dell'assone proprio grazie agli oligodendrociti. Infatti, i prolungamenti degli oligodendrociti, avvolgono gli assoni dei neuroni con mielina che è una sostanza che protegge e isola il neurone dall'ambiente esterno e consente all'impulso elettrico di propagarsi più rapidamente.

Avete

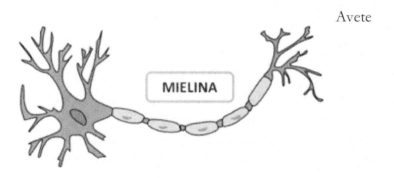

presente i fili elettrici? Ecco spiegato il funzionamento di quella che viene chiamata **guaina mielinica**, ossia un rivestimento composto da mielina che protegge l'assone dall'esterno e consente all'impulso nervoso di propagarsi in modo efficiente e soprattutto senza dispersioni. La mielina, infatti, isola elettricamente l'assone.

Attenzione però, perché, lungo l'assone, sono presenti delle zone non mielinizzate. Questi particolari spazi sono chiamati nodi di Ranvier.

Vedete che in questa foto ci sono i cordoni di mielina, che sembrano dei salsicciotti che corrono lungo tutto l'assone. Questi salsicciotti vengono interrotti saltuariamente dai nodi di Ranvier che, come abbiamo detto, sono zone non mielinizzate dell'assone. Visto che il nostro corpo è una macchina perfetta, c'è un motivo per cui esistono i nodi di Ranvier. Il motivo è permettere all'impulso elettrico di propagarsi più velocemente. Se ci fosse solo guaina mielinica, l'impulso non riuscirebbe a propagarsi così velocemente.

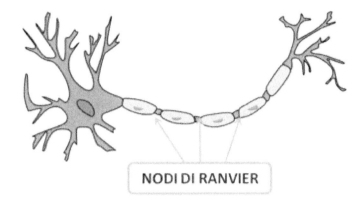

NODI DI RANVIER

La conduzione sull'assone per mezzo dei nodi di Ranvier è detta **conduzione saltatoria**. Nella foto vedete che ci sono dei salti tra un cordone di mielina e l'altro. Li vedete con delle frecce. Si chiama saltatoria proprio perché ci sono dei veri e propri salti tra un cordone di mielina e l'altro. Se si osservasse il neurone in laboratorio si vedrebbero i potenziali d'azione soltanto sui nodi di Ranvier. Eh sì perché, metaforicamente parlando, il filo elettrico è scoperto in quel punto mentre, laddove c'è la guaina mielinica, il filo non si vede.

La mielina inizia a svilupparsi nel tardo periodo fetale per concludere il suo accrescimento durante i primi cinque anni di vita.

Come abbiamo detto, la mielina è di fondamentale importanza per incanalare il potenziale d'azione nella direzione giusta ed evitare dispersioni. Se non ci fosse la guaina mielinica o se la mielina fosse scarsa, la propagazione del potenziale d'azione sarebbe più lento e diminuirebbe in ampiezza perché, senza guaina mielinica, la membrana ha molte più resistenze e dispersioni di tipo elettrico.

Si parla di **demielinizzazione** quando la guaina mielinica che riveste gli assoni viene distrutta o danneggiata e gli impulsi nervosi che corrono subiscono un notevole rallentamento o possono addirittura bloccarsi. La regione demielinizzata viene detta "placca di demielinizzazione" o, più comunemente, "placca". Un tipico esempio di malattia demielinizzante è la sclerosi multipla.

Gli oligodendrociti sono presenti solo nel SNC. Gli alter ego degli oligodendrociti nel sistema nervoso periferico sono le cellule di Schwann che svolgono la medesima funzione di protezione e di isolamento del neurone attraverso la mielinizzazione dell'assone. Unica differenza è che, se un solo oligodendrocita riesce a coprire con i suoi prolungamenti più neuroni contemporaneamente, una cellula di Schwann da sola non riesce nemmeno a coprire un pezzettino di assone per cui c'è bisogno di numerose cellule di Schwann per ricoprire un solo millimetro dell'assone.

Verifica delle lezioni 1-10

Rispondi alle seguenti domande multiple riguardanti le lezioni dalla 1 alla 10. Una sola risposta è quella corretta. Le soluzioni sono disponibili in fondo alla verifica.

1. Il principale neurotrasmettitore eccitatorio è:
   - Il Glutammato
   - Il GABA
   - La Dopamina

2. I potenziali d'azione sono tutti uguali:
   - Vero
   - Falso

3. Le cellule gliali che svolgono funzione protettiva per il sistema immunitario sono:
   - Gli astrociti
   - Gli oligodendrociti
   - I microglia

4. Il SIA è il punto in cui il dendrite origina dal soma:
   - Vero
   - Falso

1. La zona del neurone deputata all'output è:
   - Il dendrite
   - L'assone
   - Il soma

2. Il corpo del neurone è detto:
   - Dendrite
   - Assone
   - Soma

3. I nodi di Ranvier sono zone mielinizzate dell'assone.

- Vero
- Falso

4. Dal corpo del neurone nasce uno e un solo assone
   - Vero
   - Falso

5. Le gap junctions sono tipiche della sinapsi chimica.
   - Vero
   - Falso

6. La sinapsi elettrica avviene senza che la membrana presinaptica entri in contatto con la membrana postsinaptica.
   - Vero
   - Falso

7. Gli oligodendrociti ricoprono gli assoni dei neuroni di tutto il sistema nervoso.
   - Vero
   - Falso

8. Una sinapsi chimica avviene quando vi è il rilascio di:
   - Recettori
   - Gap junctions
   - Neurotrasmettitori

9. Lo scopo della guaina mielinica è quello di consentire all'impulso nervoso di propagarsi in modo efficiente e senza dispersioni.
   - Vero
   - Falso

10. L'impulso che corre lungo il dendrite è detto:
    - Potenziale d'azione
    - Potenziale presinaptico
    - Potenziale postsinaptico

11. Il neurone scarica sempre potenziali d'azione, ciò che cambia è:

- l'ampiezza
- la frequenza
- la durata

12. I nodi di Ranvier hanno l'obiettivo di permettere all'impulso elettrico di propagarsi più velocemente lungo il dendrite.
    - Vero
    - Falso

13. I potenziali postsinaptici sono tutti uguali.
    - Vero
    - Falso

14. Quali cellule gliali sono presenti solo nel SNC?
    - Astrociti
    - Oligodendrociti
    - Microglia

15. L'acronimo GABA sta per ... ed è il principale neurotrasmettitore ...:
    - Acido gamma amidobutirrico - inibitorio
    - Acido gamma aminobutirrico- eccitatorio
    - Acido gamma amminobutirrico- inibitorio

16. La zona del neurone deputata all'input è:
    - Il dendrite
    - L'assone
    - Il soma

Soluzioni

Le soluzioni sono sottolineate in giallo.

1. Il principale neurotrasmettitore eccitatorio è:
   - **Il Glutammato**
   - Il GABA
   - La Dopamina

2. I potenziali d'azione sono tutti uguali:
   - **Vero**
   - Falso

3. Le cellule gliali che sono responsabili della protezione del sistema immunitario sono:
   - Gli astrociti
   - Gli oligodendrociti
   - **I microglia**

4. Il SIA è il punto in cui il dendrite origina dal soma:
   - Vero
   - **Falso (Il SIA (segmento iniziale dell'assone) è il punto in cui l'assone origina dal soma.)**

5. La zona del neurone deputata all'output è:
   - Il dendrite
   - **L'assone**
   - Il soma

6. Il corpo del neurone è detto:
   - Dendrite
   - Assone
   - **Soma**

7. I nodi di Ranvier sono zone mielinizzate dell'assone.
   - Vero

- **Falso** (Sono zone demielinizzate dell'assone, ossia prive di mielina)

8. Dal corpo del neurone nasce uno e un solo assone
   - **Vero**
   - Falso

9. Le gap junctions sono tipiche della sinapsi chimica.
   - Vero
   - **Falso** (Sono tipiche della sinapsi elettrica)

10. La sinapsi elettrica avviene senza il contatto diretto tra la membrana presinaptica e la membrana postsinaptica.
    - Vero
    - **Falso** (E' la sinapsi chimica che avviene senza che la membrana presinaptica entri in contatto con la membrana postsinaptica grazie al rilascio di neurotrasmettitori)

11. Gli oligodendrociti ricoprono gli assoni dei neuroni di tutto il sistema nervoso.
    - Vero
    - **Falso** (Gli oligodendrociti ricoprono gli assoni dei neuroni del SNC. Non sono presenti al di fuori del SNC. Il loro ruolo al di fuori del SNC è ricoperto dalle cellule di Schwann)

12. Una sinapsi chimica avviene quando vi è il rilascio di:
    - Recettori
    - Gap junctions
    - **Neurotrasmettitori**

13. Lo scopo della guaina mielinica è quello di consentire all'impulso nervoso di propagarsi in modo efficiente e senza dispersioni.
    - **Vero**
    - Falso

14. L'impulso che corre lungo il dendrite è detto:
    - Potenziale d'azione
    - Potenziale presinaptico

- **Potenziale postsinaptico**

15. Il neurone scarica sempre potenziali d'azione, ciò che cambia è:
    - L'ampiezza
    - **La frequenza**
    - La durata

16. I nodi di Ranvier hanno l'obiettivo di permettere all'impulso elettrico di propagarsi più velocemente lungo il dendrite.
    - Vero
    - **Falso (I nodi di Ranvier hanno l'obiettivo di permettere all'impulso elettrico di propagarsi più velocemente lungo l'assone, non il dendrite)**

17. I potenziali postsinaptici sono tutti uguali.
    - Vero
    - **Falso (Ci sono i PPSE e i PPSI)**

18. Quali cellule gliali sono presenti solo nel SNC?
    - Astrociti
    - **Oligodendrociti**
    - Microglia

19. L'acronimo GABA sta per ... ed è il principale neurotrasmettitore ...:
    - Acido gamma amidobutirrico - inibitorio
    - Acido gamma aminobutirrico -eccitatorio
    - **Acido gamma amminobutirrico - inibitorio**

20. La zona del neurone deputata all'input è:
    - **Il dendrite**
    - L'assone
    - Il soma

11. La plasticità

Fino ad ora abbiamo introdotto il sistema nervoso, con particolare attenzione alla morfologia del neurone e alla sua funzione.

In questa lezione parliamo di un concetto molto caro alle neuroscienze moderne: la plasticità.

Se lo studio del neurone e della sua capacità di stabilire una rete di connessioni tramite le sinapsi è stato il focus delle neuroscienze del XX, il XXI secolo ha visto una naturale evoluzione delle neuroscienze nell'approfondimento del concetto di plasticità sinaptica.

Per iniziare la lezione è utile fare un esempio concreto. Vi ricordate il pongo? Giocavate con il pongo quando eravate piccoli? Ecco, il nostro sistema nervoso è un po' come il pongo o come un blocco di plastilina… sarà forse un paragone azzardato e magari qualcuno storcerà il naso, ma è la metafora più rappresentativa e immediata per comprendere il funzionamento del nostro organismo. Infatti, il pongo è un materiale plastico, ossia un materiale che modifica in modo permanente la sua struttura. Altri materiali, invece, non sono plastici perché se premiamo un dito sulla loro struttura si modificheranno ma, non appena rilasciamo il dito, la struttura ritornerà come prima.

È il caso di una pallina di gomma. Se premiamo forte sulla pallina di gomma, vedremo il cratere che si viene a formare causato dal nostro dito ma subito dopo il cratere scomparirà. La pallina di gomma è elastica mentre il pongo è plastico perché modifica la sua struttura in modo permanente tenendo memoria delle modifiche apportate.

La plasticità è la proprietà fondamentale del sistema nervoso che gli consente di rispondere in modo adattativo alle modificazioni dell'ambiente esterno e/o interno. Il nostro sistema nervoso è, intatti, in grado di riorganizzarsi sia dal punto di vista strutturale che dal punto di vista funzionale, in seguito ad un insulto ambientale come ad esempio un virus, un batterio o un'emorragia cerebrale. La plasticità del sistema nervoso ha, però, un ruolo ambivalente: da una parte ha una funzione protettiva nei confronti degli attacchi esterni, dall'altra può avere un'espressione maladattiva ed essere causa di malattie, ad esempio quando l'attivazione del sistema immunitario, che di per sé ha una funzione protettiva, degenera in reazioni allergiche.

La principale forma di plasticità è la **plasticità sinaptica** che è la capacità del sistema nervoso di modificare i legami neuronali, intervenendo sia sull'attività presinaptica che su quella postsinaptica come risposta all'ambiente esterno e interno. Di fatto, la struttura del neurone rimane invariata ma si modificano le loro connessioni. Questa capacità consente di rafforzare le sinapsi esistenti o depotenziarle, instaurarne di nuove o eliminarne di vecchie, modificando sia la struttura che la funzionalità del sistema nervoso, in modo più o meno duraturo, in funzione degli eventi che lo influenzano.

La forma più studiata di plasticità sinaptica è il potenziamento a lungo termine (**LTP – long term potentiation**) che consiste nel rafforzamento duraturo della struttura della sinapsi. È un fenomeno osservato e studiato inizialmente nella struttura ippocampale, che è la sede responsabile del processamento della memoria. Questo portò inizialmente a supporre che l'LTP riguardasse unicamente i processi di memorizzazione e solo in un momento successivo si osservò e venne studiata anche in altre aree cerebrali. Per comprendere in cosa consiste esattamente l'LTP bisogna analizzare il processo che determina la plasticità sinaptica scomponendolo in tre fasi.

1. La prima fase si innesca quando il neurone presinaptico si attiva e scarica il potenziale d'azione generando una sinapsi eccitatoria di una certa ampiezza verso il neurone bersaglio.
2. A breve distanza dalla prima scarica, lo stesso neurone si attiva nuovamente e va a stimolare la stessa sinapsi con una frequenza maggiore determinando un potenziale postsinaptico eccitatorio (PPSE) di ampiezza ancor più elevata.
3. La stimolazione ad alta frequenza lascia una traccia nella sinapsi, una specie di memoria, cosicché se dopo un certo lasso di tempo la sinapsi viene stimolata con una frequenza bassa, si genererà comunque un PPSE di ampiezza elevata, come se la sinapsi fosse stata stimolata ad alta frequenza. Questo effetto indica che la sinapsi è stata potenziata, ossia è andata incontro a LTP.

Si può verificare anche il meccanismo opposto in cui, sinapsi stimolate in modo prolungato a bassa frequenza, generano il fenomeno inverso.

La plasticità sinaptica è la più conosciuta e studiata, tuttavia esistono altre forme di plasticità come quella strutturale e quella intrinseca.

La plasticità strutturale è la capacità del sistema nervoso di modificare la sua struttura e i suoi principali componenti (in particolare i neuroni) per effetto delle modifiche dell'ambiente interno e/o esterno.

La plasticità intrinseca, invece, è la capacità del neurone di modificare alcune sue proprietà intrinseche come la frequenza di scarica dei potenziali d'azione, la soglia di attivazione del potenziale d'azione, ecc.

12. Alla scoperta del SNC: embriologia

Come eravamo dentro la pancia della nostra mamma? Come si sviluppa il feto? Come avviene lo sviluppo degli organi?

Queste sono alcune domande a cui vuole rispondere l'embriologia, ossia quella scienza che studia i processi con i quali gli organismi viventi nascono, crescono e si sviluppano. Ogni specie ha il proprio sviluppo embrionale.

Nel caso della specie umana tutto parte dalla fecondazione, quel processo in cui la cellula uovo della donna riceve al suo interno uno spermatozoo dell'uomo.

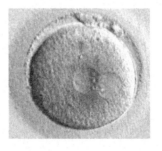

La fusione di questi due gameti genera una cellula chiamata zigote (immagine sulla destra). Ed eccoci qui. Questo è l'inizio della nostra vita che porterà, dopo circa 40 settimane, ad avere tutti gli organi formati ed essere, così, pronti per affrontare il mondo extrauterino.

Dalla nascita dello zigote fino al parto ci saranno innumerevoli cambiamenti per arrivare a svilupparci completamente. Vediamoli insieme brevemente aiutandoci con l'immagine seguente.

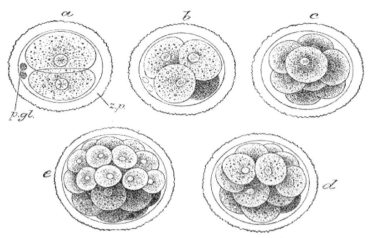

Abbiamo parlato del primo processo, che è la
fecondazione della cellula uovo insieme ad uno
spermatozoo che formano lo zigote. Dopo circa 24 ore
dalla fecondazione, lo zigote inizia a dividersi
ripetutamente grazie ad un processo chiamato mitosi e dà,
così, origine a cellule sempre più piccole chiamate
blastomeri. Dopo tre giorni dalla fecondazione, si forma la
morula che è costituita da 8-16 blastomeri. Dalla morula si
passa poi alla blastula che è costituita da numerosi
blastomeri.

Il processo di differenziazione delle cellule avviene proprio
in questo momento quando, all'interno della blastula, le
cellule si riuniscono a seconda del loro scopo finale
formando dei veri e propri ammassi di cellule che vengono
a definire tre foglietti embrionali sovrapposti. Questo
processo si chiama gastrulazione ed è un processo
fondamentale nello sviluppo perché ogni cellula ha un
proprio compito specifico e deve collocarsi in uno dei tre
foglietti embrionali menzionati poco fa. Solo in questo
modo ogni organo potrà formarsi in maniera corretta
all'interno dell'organismo del bambino.

I tre foglietti embrionali sono: ectoderma, mesoderma, endoderma.

L'ectoderma è il foglietto più esterno, il mesoderma è il foglietto intermedio mentre l'endoderma, come suggerisce la parola, è il foglietto interno.

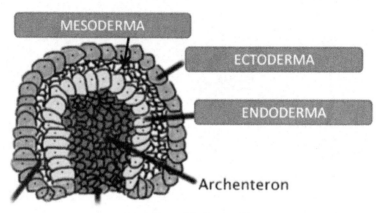

(Immagine modificata tratta da:
https://commons.wikimedia.org/wiki/File:Blastula.png)

Vediamo ora insieme ogni foglietto embrionale a partire da quello esterno, l'ectoderma.

L'ectoderma, come abbiamo detto è il foglietto embrionale esterno e dà origine all'epidermide (peli, unghie e mammelle), al sistema nervoso centrale e periferico e, infine, agli organi di senso.

Poi c'è il **mesoderma** che dà origine all'apparato cardiocircolatorio, scheletrico e urogenitale. Inoltre, dà origine all'adipe e al derma.

Infine, c'è **l'endoderma** che è il foglietto embrionale interno e dà origine agli organi interni: trachea, polmoni, esofago, stomaco, intestino, pancreas, fegato e milza.

Per quanto riguarda questo corso legato alle neuroscienze, il foglietto embrionale che ci interessa è l'ectoderma che, come abbiamo dctto, è il foglietto responsabile della formazione del sistema nervoso centrale.

L'ectoderma compare durante la terza settimana di vita embrionale e, durante il 18° giorno di vita intrauterina. Le cellule dell'ectoderma si differenziano ulteriormente in cellule neuroepiteliali, facendo così nascere il neuroectoderma.

Il neuroectoderma darà vita alla placca neurale, precorritrice del sistema nervoso. Grazie al processo di neurulazione, la placca neurale andrà via-via chiudendosi formando così il tubo neurale, che è il primo abbozzo del sistema nervoso. Durante lo sviluppo dell'embrione parte del tubo neurale perderà il suo carattere cilindrico per allargarsi in vescicole cefaliche che sono gli abbozzi delle diverse zone encefaliche. La restante parte del tubo neurale, invece, non discostandosi granché dalla sua forma cilindrica, darà vita al midollo spinale.

Il sistema nervoso centrale (escluso il midollo spinale) deriva quindi dall'ectoderma. Nella prossima lezione scopriremo insieme come è fatto il nostro sistema nervoso centrale.

13. Il sistema nervoso centrale (SNC)

Abbiamo già descritto, in una delle prime lezioni, la struttura del sistema nervoso che può essere distinto in: sistema nervoso centrale (SNC) e sistema nervoso periferico (SNP). Andiamo a vedere più nel dettaglio il sistema nervoso centrale.

Il sistema nervoso centrale (anche detto SNC) è protetto dalla struttura ossea e si divide in:

1. **encefalo**, anche detto cervello, che è avvolto dalla scatola cranica;
2. **midollo spinale** che, invece, è contenuto nel canale vertebrale.

Soffermiamoci sull'encefalo. L'encefalo è la parte del SNC protetto dalla scatola cranica e si compone di tre parti:

1. proencefalo
2. tronco dell'encefalo
3. cervelletto

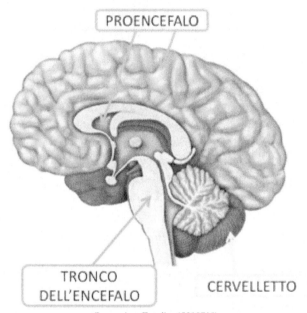

(Immagine: Fotolia_45298710)

Il proencefalo è suddiviso in:

1. telencefalo;
2. diencefalo.

Il telencefalo comprende la corteccia cerebrale e i gangli della base. Macroscopicamente, il telencefalo è costituito dai due emisferi cerebrali uniti da una struttura denominata corpo calloso. Il telencefalo è sede delle funzioni superiori (linguaggio, pensiero astratto, capacità decisionali). I gangli della base, inoltre, svolgono un ruolo fondamentale nel controllo motorio.

Passiamo ora al **diencefalo,** il quale comprende il talamo e l'ipotalamo. Il talamo è collegato funzionalmente con la corteccia cerebrale. L'ipotalamo è il principale regolatore delle funzioni endocrine e regola, inoltre, molti aspetti della vita vegetativa (pertanto presenta importanti collegamenti con il sistema nervoso autonomo (SNA)). Parleremo del talamo e dell'ipotalamo in maniera più approfondita più avanti.

Per ricapitolare, il proencefalo è formato da: telencefalo e diencefalo. Il telencefalo comprende la corteccia cerebrale e i gangli della base mentre nel diencefalo troviamo il talamo e l'ipotalamo.

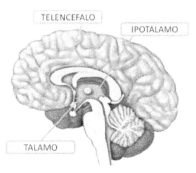

Abbiamo visto che l'encefalo è formato da proencefalo, tronco dell'encefalo e cervelletto. Abbiamo parlato del proencefalo, ora vediamo insieme il tronco dell'encefalo.

Il tronco dell'encefalo comprende tre parti:
1. mesencefalo;
2. ponte;
3. midollo allungato (o bulbo).

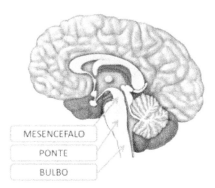

Il tronco dell'encefalo rappresenta la principale via di passaggio delle comunicazioni tra centri superiori e centri inferiori del SNC.

Infine, c'è il cervelletto che è posto dietro il tronco dell'encefalo e sotto il lobo occipitale encefalico. È molto importante perché ha un ruolo essenziale nel controllo del movimento.

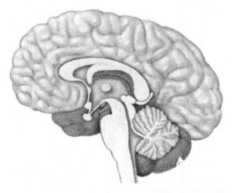

CERVELLETTO

Ripassiamo con questo schema il sistema nervoso centrale.

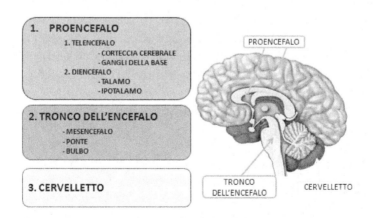

14. Il cranio

Nelle prossime lezioni vediamo insieme alcuni elementi del nostro organismo per comprendere più approfonditamente come siamo fatti e, soprattutto, come funzioniamo dal punto di vista principalmente neurologico. Iniziamo con un'introduzione sul cranio che è composto da un insieme di ossa che possono essere suddivise in: ossa della volta e ossa della base.

Le ossa della volta sono quelle ossa che danno al cranio la sua forma tondeggiante e hanno l'obiettivo di proteggere ciò che sta al suo interno. Troviamo: l'osso frontale, collocato nell'area anteriore del cranio dove ci sono le orbite, le due ossa parietali che si trovano nel mezzo e, infine, nella zona posteriore, l'osso occipitale che si articola con la prima vertebra, detta atlante.

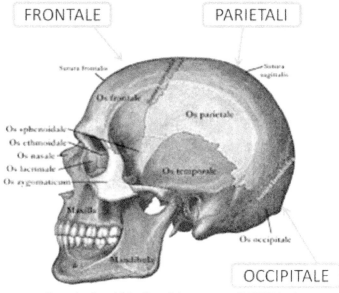

(Immagine: http://blog.libero.it/graysanatomy/8602922.html)

Le ossa della volta vengono unite insieme tramite diverse articolazioni chiamate suture. Le due ossa parietali sono tenute unite dalla **sutura sagittale.** Le ossa parietali si uniscono all'osso frontale tramite la **sutura coronale** e, infine, le ossa parietali sono suturate con l'occipite grazie alla **sutura lambdoidea.**

SUTURE CRANICHE

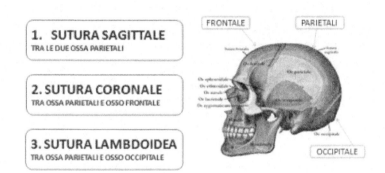

1. SUTURA SAGITTALE
TRA LE DUE OSSA PARIETALI

2. SUTURA CORONALE
TRA OSSA PARIETALI E OSSO FRONTALE

3. SUTURA LAMBDOIDEA
TRA OSSA PARIETALI E OSSO OCCIPITALE

Le ossa della base sono:
- sfenoide;
- etmoide;
- vomere;
- temporali (due);
- zigomatiche (due);
- nasali (due);
- lacrimali (due);
- palatine (due);
- mascella;
- mandibola.

15. Ventricoli e liquor

In questa lezione scopriamo insieme che cosa sono i ventricoli e che cos'è il liquor.

Il liquor è l'abbreviazione di liquido cefalo-rachidiano ed è presente, nel nostro sistema nervoso centrale, all'interno dei cosiddetti ventricoli.

Eccoli qui i ventricoli: sono quattro cavità presenti negli emisferi cerebrali.

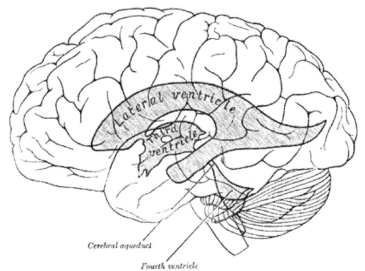

(Immagini: https://en.wikipedia.org/wiki/Ventricular_system e https://en.wikipedia.org/wiki/Ventriculitis)

Ci sono due ventricoli laterali, uno per lobo, che comunicano con il terzo ventricolo. A sua volta, il terzo ventricolo prosegue lungo l'acquedotto mesencefalico sfociando nel quarto ventricolo. Il quarto ventricolo è posto tra ponte, midollo allungato e cervelletto.

I ventricoli hanno il compito di contenere e distribuire il liquor all'interno del sistema nervoso centrale. Sono dei veri e propri acquedotti dove viene convogliato e fatto fluire il liquido cefalo rachidiano che, in sostanza, sostituisce il sistema linfatico all'interno del sistema nervoso centrale. Il sistema linfatico è un sistema vascolare atto al recupero di sostanze nutritive, allo smaltimento di sostanze di scarto nel sangue, e alla difesa dell'organismo da virus e batteri. Questo sistema linfatico non è presente nel SNC e viene sostituito proprio dall'attività del liquido cefalo rachidiano.

Il liquido cefalo rachidiano ha due funzioni all'interno del SNC: una funzione metabolica e una funzione protettiva. Il 70% del liquor viene prodotto nei plessi corioidei che sono dei vasi sanguigni situati all'interno della meninge cosiddetta aracnoide. Il restante 30% deriva dal filtraggio che viene effettuato dai capillari cerebrali e dalla tela corioidea.

Nell'arco di 24 ore può essere prodotto un quantitativo di liquor pari a 400ml ma il volume totale che esso può occupare all'interno del sistema è di 140ml. È chiaro, quindi, che ci sia una rapida attività di assorbimento e ricircolo del liquor all'interno del SNC. Avete presente il sistema di ricircolo dell'acqua all'interno di una piscina? Ecco una metafora che può calzare a pennello per capire il costante ricambio di liquido cefalo rachidiano all'interno dei ventricoli. Questo processo di riassorbimento e ricambio del liquor all'interno dei ventricoli è a dir poco fondamentale. Qualsiasi impedimento alla circolazione del liquor provoca, come è facile intuire, un ingorgo e un aumento di volume di liquor che, come abbiamo detto prima, non può superare i 140ml.

Se superasse i 140ml, le cavità ventricolari si ingrosserebbero a causa del liquor in eccesso e si verificherebbe quello che viene chiamato idrocefalo. **L'idrocefalo** è una patologia che si sviluppa perché il liquor non viene correttamente riassorbito e, pertanto, ristagna nei ventricoli. Insomma, per darvi l'idea, invece che essere un fiume che scorre senza sosta, come dovrebbe essere, in questa patologia i ventricoli sono diventati uno stagno. La conseguenza è un volume di liquido superiore rispetto alla capacità dei ventricoli di contenerlo. Questo aumento di volume causa una pressione elevatissima che va a comprimere il tessuto nervoso circostante. Vi evito le immagini di pazienti con idrocefalo, se vorrete le andrete a cercare voi per vostra cultura personale. Io vi propongo, invece, un'immagine che mostra in alto a sinistra un cervello con flusso di liquor normale mentre in basso a destra troviamo un cervello con idrocefalo.

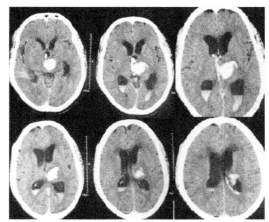

(Immagine: https://en.wikipedia.org/wiki/Pilocytic_astrocytoma)

16. Le meningi encefaliche

In questa lezione vediamo, brevemente, che cosa sono le meningi.

Le meningi sono in tutto tre: dall'alto verso il basso troviamo:

1. la dura madre;
2. l'aracnoide;
3. la pia madre.

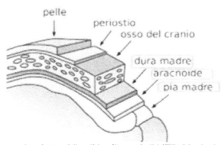

(Immagine: https://it.wikipedia.org/wiki/File:Meningi.svg)

La dura madre è molto spessa e fibrosa mentre le altre due meningi sono più sottili e meno fibrose. Vediamole più in dettaglio a partire dalla dura madre.

La dura madre è la meninge più esterna e, come abbiamo detto poco fa, è molto fibrosa e presenta grosse pieghe che danno vita alla falce cerebrale che segue tutta la cavità cranica e che divide, in sostanza, due emisferi cerebrali. Anteriormente, la falce cerebrale si articola con la crista galli e arriva fino al tentorio del cervelletto. Percorre, quindi, tutto il cranio dalla parte anteriore alla parte posteriore.

La dura madre è quasi un tutt'uno con il periostio delle pareti craniche. Il periostio è una membrana che riveste le ossa in tutta la loro lunghezza tranne dove ci sono i legamenti, i tendini o i tessuti cartilaginei. Questa fusione tra dura madre e periostio ha una funzione molto importante perché permette a tutta la struttura nervosa del cranio di seguire gli spostamenti della testa senza provocare traumi.

Passiamo ora a parlare delle altre due meningi a partire dalla **pia madre** che è la meninge più interna che aderisce all'encefalo seguendolo anche lungo i solchi.

Tra la dura madre e la pia madre c'è **l'aracnoide** che è, per l'appunto, la meninge intermedia. L'aracnoide è sempre a contatto con la pia madre lungo tutte le circonvoluzioni cerebrali tranne quando ci sono i solchi. Quando ci sono i solchi, infatti, l'aracnoide crea un ponte e lungo tutta la durata del ponte non è più a stretto contatto con la pia madre. Questi ponti sono i cosiddetti spazi subaracnoidei. Nel caso in cui lo spazio sia cospicuo, si parla di cisterne subaracnoidee.

Le cisterne del sistema nervoso centrale sono:
• Cisternamagna;
• Cisterna pontina;
• Cisterna interpeduncolare;
• Cisterna della fossa laterale;
• Cisterna della grande vena cerebrale;

- Cisterna prechiasmatica;
- Cisterna postchiasmatica;
- Cisterna della lamina laterale;
- Cisterna sopracallosa.

Cosa c'è all'interno delle cisterne subaracnoidee? Troviamo vasi arteriosi e il famoso liquor di cui abbiamo parlato nella precedente lezione. Se i vasi arteriosi si dovessero rompere si va incontro ad emorragie dette subaracnoidee, con conseguente mescolarsi tra sangue e liquor.

Voglio fare una piccola precisazione. In questa lezione abbiamo parlato delle meningi encefaliche ma ci sono anche le meningi spinali, le quali hanno una sostanziale differenza con quelle encefaliche: vi ricordate che abbiamo detto che la dura madre si fonde con il periostio per permettere alla struttura nervosa del cranio di seguire gli spostamenti della testa senza provocare traumi? Nel canale spinale ciò non avviene e la dura madre non si fonde con il periostio perché, tra di essi, si trova uno spazio detto epidurale composto da grasso e tessuto nervoso che permette al midollo spinale di assecondare tutti i vari movimenti del rachide senza rimanere lesionato.

17a. La corteccia cerebrale

Nella lezione 14 abbiamo parlato del cranio che è un insieme di ossa che protegge delle parti molto preziose del nostro corpo, a partire dalla corteccia cerebrale che è quel mantello di sostanza grigia che ricopre in tutta la loro lunghezza i due emisferi cerebrali.

Se vi ricordate, abbiamo detto che il sistema nervoso centrale è costituito da proencefalo, tronco dell'encefalo e cervelletto. A sua volta il proencefalo è costituito da telencefalo e diencefalo. Il telencefalo comprende la corteccia cerebrale e i gangli della base.

La corteccia cerebrale rappresenta proprio la porzione più elevata del telencefalo ed è molto importante sottolineare che la corteccia non è un elemento non funzionale del nostro organismo. Anzi, è una parte fondamentale e molto attiva. Non facciamoci, quindi, trarre in inganno dal termine corteccia perché, dentro quest'ultima, si svolgono numerose attività tipiche dell'essere umano come il linguaggio, il pensiero astratto, quello decisionale e via dicendo. La corteccia è una parte molto estesa perché ricopre gli emisferi cerebrali. Proprio a causa della sua estensione essa forma molte pieghe che generano scissure e solchi.

Tra solchi e scissure ci sono le circonvoluzioni che sono visibili sulla superficie esterna. L'emisfero sinistro e l'emisfero destro sono separati da una scissura detta interemisferica proprio perché li divide in due parti uguali.

In ogni emisfero troviamo quattro lobi. Il lobo frontale situato nella porzione anteriore (dove abbiamo la fronte per capirci), quello parientale nella parte alta del cervello, quello occipitale nella parte posteriore e, infine, il lobo temporale che si trova indicativamente dove ci sono le tempie.

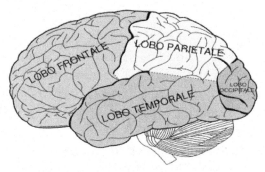

(Immagine: https://it.wikipedia.org/wiki/Cervello)

Abbiamo detto che c'è una scissura, detta interemisferica, che divide in due gli emisferi. Al fondo di questa scissura c'è il corpo calloso. Ecco qui sotto una visione interna del cervello, un po' come se avessimo aperto la scissura interemisferica e stessimo esaminando solo una metà del cervello. Come vedete, in alto, c'è la corteccia cerebrale chiamata telencefalo. Subito sotto, invece, c'è il corpo calloso che è una sorta di separatore tra il cervello e i restanti organi che stanno al di sotto del corpo calloso. Il corpo calloso è una spessa striscia bianca costituita da fibre mieliniche, per questo è di colore bianco. Come potete notare dall'immagine, la corteccia ha un bello spessore, che può variare dai 2 ai 4 millimetri. Un'altra curiosità è che la corteccia cerebrale contiene al suo interno ben 50 miliardi di cellule neuronali e 500 miliardi di cellule gliali.

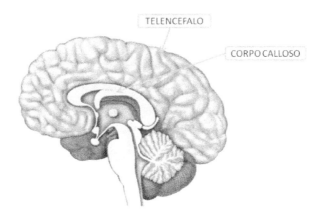

Dal punto di vista filogenetico, possiamo suddividere la corteccia cerebrale in tre parti: paleocortex, archicortex, neocortex.

- Paleocortex: è la parte più antica e meno sviluppata. È connessa con l'olfatto.
- Archicortex: comprende l'ippocampo e costituisce il lobo limbico.
- Neocortex: la parte più recente e sviluppata che rappresenta la zona più estesa della corteccia con ben sei strati corticali: lo strato molecolare, lo strato granulare esterno, lo strato piramidale esterno, lo

strato granulare interno, lo strato piramidale interno e, infine, lo strato delle cellule fusiformi.

Questa suddivisione della corteccia cerebrale in tre parti (paleocortex, archicortex e neocortex) è in realtà solo una delle possibili suddivisioni.

Infatti, la corteccia può anche essere suddivisa in base allo spessore dei diversi strati in: corteccia agranulare, corteccia granulare e corteccia associativa, oppure si può adottare la suddivisione in 50 aree numerate di Brodmann, suddivisione tuttora usata perché si basa su criteri strettamente citoarchitettonici ed è molto precisa nella divisione delle aree in base alle funzionalità di ciascuna.

A prescindere dal tipo di criterio di suddivisione usato possiamo, comunque, dividere la corteccia in aree corticali sulla base della loro funzionalità e troviamo:

- area motoria;
- area somatosensitiva;
- area uditiva;
- area visiva;
- area del linguaggio;
- aree prefrontali;
- corteccia cingolata e insula.

Vediamole brevemente.

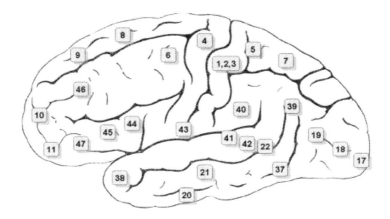

(Immagine: https://it.wikipedia.org/wiki/Aree_di_Brodmann)

L'area motoria primaria (M1 o area 4 di Brodmann) è responsabile del movimento volontario e controlla l'emisfero opposto. Ciò significa che se voglio alzare il braccio destro, l'input partirà dall'emisfero cerebrale sinistro e viceversa.

L'area somatosentiva primaria (S1 o aree 3a, 3b, aree 1 e 2 di Brodmann) si trova subito dietro l'area motoria primaria e le quattro aree citoarchitettoniche che la compongono sono deputate alla ricezione di stimoli differenti:
Area 3b e 1 – per gli stimoli cutanei
Area 3a e 2 – per gli stimoli muscolo articolari

L'area uditiva primaria (A1 o aree 41 e 42 di Brodmann) si trova sulla circonvoluzione temporale superiore. A determinate aree corrispondono suoni diversi a seconda della loro frequenza.

L'area visiva primaria (V1 o area 17 di Broadmann) è situata nel lobo occipitale ed è connessa con la vista.

Le aree del linguaggio sono due: l'area di Broca nella circonvoluzione frontale inferiore (aree 44 e 45 di Brodmann) e l'area di Wernicke nella circonvoluzione temporale (area 22). In 9 persone su 10 le aree del linguaggio sono presenti nell'emisfero sinistro. Nelle rimanenti persone queste funzioni o sono distribuite bilateralmente o risiedono a destra.

Le aree prefrontali sono aree situate nella parte anteriore del lobo frontale. Di solito si parla di corteccia prefrontale e sono aree molto importanti per le funzioni superiori tipiche dell'essere umano come la memoria, l'apprendimento, le emozioni, le capacità decisionali e di giudizio.

La corteccia cingolata e l'insula sono aree ancora poco conosciute. Quello che, ad ora, si conosce è che queste aree sono implicate nell'elaborazione di alcuni aspetti del dolore e sono influenzate dal sistema limbico.

Come avete potuto vedere la corteccia è responsabile di innumerevoli funzioni, da quelle motorie fino ad arrivare a quelle superiori tipiche dell'essere umano come il linguaggio, il pensiero astratto, decisionale, morale, eccetera. La sua struttura è, quindi, enormemente complessa poiché, oltre a ricevere afferenze dai centri inferiori ha moltissimi collegamenti interni. L'aspetto più importante che dovete tenere a mente è che la corteccia cerebrale porta alla coscienza i diversi processi. Lo vedremo più approfonditamente nelle prossime lezioni. È chiaro, quindi, che danni alla corteccia, spesso dovuti a problematiche cardiovascolari, possono causare dei seri danni anche permanenti. È, però, anche vero che la corteccia presenta la caratteristica di plasticità di cui abbiamo parlato nella lezione 11, per cui alcune funzioni danneggiate possono rigenerarsi e recuperare con il tempo.

Abbiamo approfondito meglio la corteccia cerebrale che, come abbiamo detto, fa parte dell'encefalo e più specificatamente del telencefalo. Ho volutamente messo questa lezione in questa posizione perché tutto ciò che arriva alla coscienza (dolori, emozioni, decisioni, pensieri, ecc.) parte o passa inevitabilmente dalla corteccia cerebrale.

Nelle prossime lezioni non parleremo però subito delle altre strutture dell'encefalo ma ci soffermeremo su quelle strutture esterne al sistema nervoso centrale che sono responsabili delle trasmissioni di informazioni.

17b. Tecniche di Neuroimaging

Questa lezione è dedicata alle principali tecniche di neuroimaging e a cosa servono. Il neuroimaging è una sorta di mappatura cerebrale fatta attraverso diverse tecnologie.

Le principali sono:

- l'elettroencefalografia (EEG);
- la magnetoencefalografia (MEG);
- la tomografia a emissione di positroni (PET);
- la tomografia computerizzata a emissione di un singolo fotone (SPECT);
- la spettroscopia ad infrarossi (NIRSI);
- la risonanza magnetica funzionale (fMRI).

La risonanza magnetica funzionale fa parte delle tecniche di neuroimaging dette funzionali perché vanno a studiare il cervello in vivo indicando quali aree cerebrali sono attive in un dato momento e in un dato compito. Infatti, viene chiesto al soggetto di compiere alcune azioni oppure alcuni processi mentali e si va a studiare il flusso ematico cerebrale. Si va proprio a sfruttare il flusso ematico, ossia il flusso del sangue, per ottenere informazioni sulle attivazioni delle aree cerebrali (soprattutto corticali) e sul funzionamento della mente.

Infatti, a seconda del compito richiesto al paziente il flusso ematico diventa maggiore nelle aree encefaliche implicate in quel determinato compito, che sia motorio come alzare un braccio o cognitivo come chiedere al paziente di pensare a qualcosa.

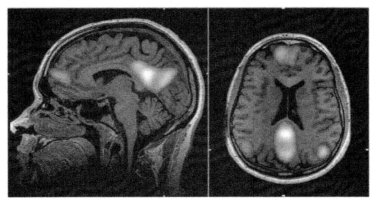

(Immagine: https://en.wikipedia.org/wiki/Dynamic_functional_connectivity)

Vi faccio l'esempio di uno studio effettuato su due persone, un bevitore sociale, ossia un soggetto che ogni tanto beve un bicchiere di vino e un alcolista. È stata mostrata loro l'immagine di un bicchiere di vino. Nel cervello dell'alcolista si sono attivate delle aree, come la corteccia cingolata e l'insula, che mostrano la sua irrefrenabile e compulsiva voglia di afferrare quel bicchiere.

Questo è solo un esempio per spiegare quanto gli strumenti di neuroimaging funzionale siano estremamente importanti nelle neuroscienze cognitive e in neuropsicologia.

18. Le vertebre

Come è composta la nostra colonna vertebrale? Sapete quante vertebre abbiamo?

La colonna vertebrale viene anche definita rachide e presenta al suo interno ben 33 vertebre che vengono suddivise in:

- 7 cervicali (c1 – c7);
- 12 toraciche (t1 – t12 o, talvolta, d1 – d12);
- 5 lombari (l1 – l5);
- 5 sacrali (s1 – s5);
- 4 coccigee (co1 – co4).

(se notate, la nomenclatura delle vertebre inizia con una lettera minuscola. Ve lo dico perché non è una svista mia ma è una corretta nomenclatura medica che prevede la lettera minuscola per le vertebre e la lettera maiuscola per i metameri che vedremo nella prossima lezione)

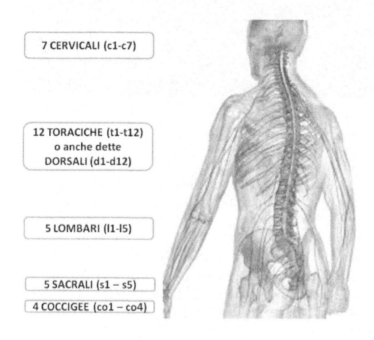

(Immagine: https://it.wikipedia.org/wiki/Midollo_spinale)

Le funzioni della colonna vertebrale sono 2:
- sostenere il corpo umano;
- proteggere il midollo spinale.

Partiamo dall'alto e per l'esattezza dalle prime due vertebre cervicali c1 e c2 che si chiamano atlante ed epistrofeo.

L'atlante e l'epistrofeo hanno una conformazione particolare tanto che vengono definite vertebre atipiche. La loro conformazione ha un preciso obiettivo: quello di permetterci di muovere il cranio e ruotarlo. Queste due vertebre sono collegate tra loro grazie al dente dell'epistrofeo che si inserisce nella fovea dentis dell'atlante e funge un po' da timone per ruotare il cranio.

A parte queste due vertebre atipiche, tutte le altre vertebre del nostro corpo presentano un forame vertebrale (all'interno del quale è presente il midollo spinale), un corpo vertebrale e dei processi (che prendono il nome a seconda della loro caratteristica o del loro posizionamento). L'aspetto più straordinario della colonna vertebrale è che, nonostante consenta i movimenti su tutti e tre gli assi, allo stesso tempo è una struttura sufficientemente rigida per proteggere il midollo spinale da urti o movimenti che lo possano danneggiare. Nella prossima lezione parleremo proprio del midollo spinale.

19. Midollo spinale, metameri e cauda equina

Il midollo spinale è una sorta di tesoro che abbiamo nel nostro corpo e che viene custodito all'interno di uno scrigno, detto colonna vertebrale, che lo protegge in qualsiasi occasione. Ad essere precisi, è solo una parte della colonna vertebrale che funge da scrigno protettivo perché il midollo spinale non corre lungo tutto il rachide ma si ferma a livello delle vertebre 11-12. Vi spiegherò dopo il motivo per cui il midollo spinale non corre lungo tutta la colonna vertebrale.

Abbiamo parlato del midollo spinale come di un tesoro da proteggere ma, in realtà, anche questo tesoro ha delle funzioni fondamentali all'interno del nostro organismo, anzi direi vitali.

Possiamo riassumere le funzioni del midollo spinale in tre punti:

1. una funzione di conduzione di informazioni attraverso un sistema elaborato di fibre nervose ascendenti e discendenti dall'encefalo. Le informazioni ascendenti sono quelle che vanno dalla periferia al SNC mentre discendenti sono quelle che vanno dal SNC alla periferia;

2. una funzione riflessa, perché il midollo spinale è sede di numerosi riflessi che operano una continua integrazione tra i segnali afferenti e quelli efferenti;

3. una funzione trofica, perché il midollo spinale ha dei neuroni particolari, chiamati motoneuroni alfa, che sono deputati sia al movimento volontario, sia al mantenimento dello stato posturale.

Continuando a parlare di midollo spinale, è fondamentale sapere che l'unità di base del midollo è il cosiddetto metamero o mielomero.

Il metamero è una sorta di moneta dalla forma tonda che si va a sovrapporre con altri metameri creando una vera e propria pila. I metameri spinali sono in tutto 31:

- 8 cervicali (C1 – C8);
- 12 toracici (T1 – T12);
- 5 lombari (L1 – L5);
- 5 sacrali (S1 – S5);
- 1 coccigeo (Co1).

Per i metameri spinali la nomenclatura è con una lettera maiuscola mentre vi ricordo che per le vertebre la nomenclatura è con una lettera minuscola.

Ecco qui l'immagine di un metamero.

(Immagine: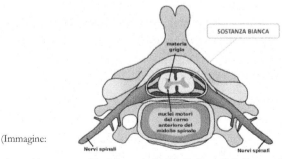

https://commons.wikimedia.org/wiki/File:Polio_spinal_diagram_IT.PNG)

Come potete vedere, la forma interna di un metamero richiama la classica forma di una farfalla a due colori. Un colore grigio all'interno perché è una parte ricca di corpi neuronali e dendriti. Poi c'è la parte esterna che è biancastra perché è ricca di assoni. Il metamero viene suddiviso in radice anteriore e radice posteriore, anche dette radice ventrale e dorsale.

Dalla radice anteriore escono dei fasci nervosi deputati al trasporto di informazioni dal SNC verso la periferia. Alle radici posteriori del metamero afferiscono dei fasci nervosi deputati alla trasmissione di informazioni verso l'SNC.

I fasci nervosi anteriori e posteriori, poco lontano dal metamero spinale, all'esterno del canale vertebrale, formano i cosiddetti nervi spinali di cui parleremo nella prossima lezione.

Ecco che la pila di metameri spinali, raccolta nel canale vertebrale, forma il midollo spinale.

Se avete fatto due calcoli, però, c'è qualcosa che potrebbe non tornarvi. Infatti, abbiamo detto che il midollo spinale non va lungo tutta la colonna ma si articola fino alla prima vertebra lombare. Perché allora i nervi spinali proseguono per tutta la lunghezza della colonna?

Per poter spiegare il perché, bisogna ritornare un po' indietro fino alla vita fetale e alla nascita. Infatti, sia nella vita intrauterina sia alla nascita, il midollo spinale decorre fino al coccige. Sarà poi durante la crescita che il midollo spinale risalirà lungo la colonna fino ad arrestarsi alla prima vertebra lombare. In realtà, non è corretto dire che il midollo spinale risale lungo la colonna, è più corretto dire che la velocità di crescita della colonna vertebrale è nettamente superiore rispetto alla velocità di crescita del midollo spinale. Ecco che questa diversa velocità di crescita genera la cosiddetta cauda equina che è semplicemente la prosecuzione nervosa dei metameri spinali risaliti lungo il canale vertebrale.

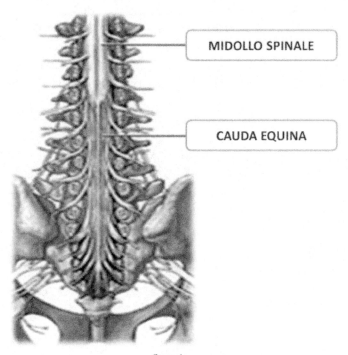

(Immagine:
https://commons.wikimedia.org/wiki/File:Onur%C4%9Fa_beyni_at_quyru%C4%9Fu.jpg)

Nella prossima lezione approfondiamo insieme i nervi spinali.

20. I nervi spinali e i plessi

I nervi spinali sono 31 paia e vengono considerati sempre a coppie perché ogni coppia deriva dallo stesso metamero spinale. Vedete in questa foto che dallo stesso metamero fuoriesce una coppia di nervi spinali.

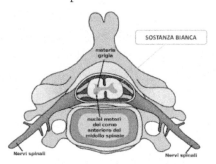

I nervi spinali sono, per l'appunto, 31:

- 8 nervi cervicali, (C1 - C8);
- 12 toracici, (T1 - T12);
- 5 lombari, (L1 - L5);
- 5 sacrali (S1 - S5);
- 1 coccigeo (Co1).

Vorrei, però, fare un inciso sul numero dei nervi spinali perché vedrete che alcuni sostengono che i nervi spinali sono 31 e altri che sono 33. Sarebbe corretto parlare di 33 paia di nervi spinali perché, nella realtà, ci sono 3 nervi coccigei ma solo 1 è funzionale. È per questo motivo che alcuni, invece che considerarne 33, parlano di 31 paia e io ho deciso di seguire questo filone.

Vi ricordo che la nomenclatura per metameri e nervi spinali è con la lettera maiuscola mentre la nomenclatura per le vertebre è con la lettera minuscola.

Andiamo ora ad osservare nei suoi dettagli la composizione di un nervo spinale. Il nervo, in generale è composto da 3 parti: epinevrio, perinevrio, endonevrio.

- L'epinevrio è una densa rete di fibre di collagene.
- Il perinevrio penetra avvolgendo fasci di assoni, detti fascicoli.
- L'endonevrio è composto da sottili fibre connettivali intorno ai singoli assoni ed è vascolarizzato.

L'epinevrio ruota attorno alla parte esterna di tutto il nervo spinale, il perinevrio ruota attorno al fascicolo del nervo spinale e, infine, l'endonevrio ruota attorno al singolo assone che si trova all'interno del fascicolo.

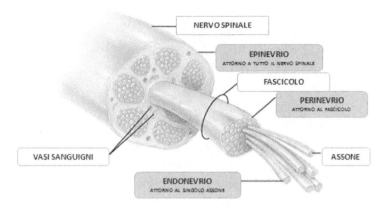

(Immagine: http://www.easynotecards.com/notecard_set/29843)

Le radici anteriori del metamero spinale fuoriescono dalle corna anteriori e sono sempre radici efferenti (cioè portano informazioni dal centro alla periferia). Nello specifico, sono sede degli alfa motoneuroni, neuroni specializzati nel trasporto di informazioni inerenti la motricità.

Le radici posteriori, invece, fuoriescono dalle corna posteriori del metamero spinale e sono sempre radici afferenti (portano informazioni dalla periferia al SNC). Nello specifico, sono sede dei neuroni chiamati pseudounipolari, poiché hanno una particolare conformazione. Sono i neuroni della sensibilità tattile, propriocettiva, termica e dolorifica. I loro corpi cellulari sono esterni al canale vertebrale e formano il ganglio spinale.

Quindi, gli alfa motoneuroni hanno una funzione motoria mentre i neuroni pseudounipolari hanno una funzione sensitiva. Per questo motivo, i nervi spinali sono nervi cosiddetti misti perché hanno al loro interno una componente motoria e una componente sensitiva.

Per concludere questa lezione parliamo brevemente dei **plessi nervosi** che sono formati da anastomosi dei nervi spinali. In maniera molto semplicistica possiamo dire che i plessi nervosi sono formati da due o più nervi spinali che si incontrano e creano un insieme di nervi, un groviglio di fili se vogliamo riprendere la metafora dei fili elettrici. Questo ammasso di fili che vedete nella foto in giallo viene chiamato plesso nervoso. Il tronco è la struttura successiva alla formazione del plesso.

Nel nostro corpo troviamo i seguenti plessi a seconda di dove avviene l'anastomosi dei nervi spinali sulla colonna vertebrale:

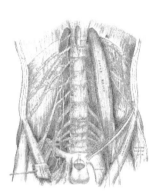

- plesso cervicale;
- plesso brachiale;
- plesso lombare;
- plesso sacrale;
- plesso pudendo;
- plesso coccigeo.

(Immagine: https://www.wikipedia.org)

Verifica delle lezioni 11-20

Rispondi alle seguenti domande multiple che riguardano le lezioni dalla 11 alla 20. Una sola risposta è quella corretta. Le soluzioni sono disponibili in fondo alla verifica.

1. La capacità del nostro sistema nervoso di adattarsi a modificazioni dell'ambiente esterno e interno è detta:
- plasticità strutturale
- plasticità sinaptica
- plasticità intrinseca

2. Le suture sono articolazioni che tengono unite le ossa della volta
- Vero
- Falso

3. Il volume totale che il liquor può occupare all'interno dei ventricoli è:
- 130ml
- 140ml
- 150ml

4. Le radici anteriori del metamero spinale sono sempre radici afferenti
- Vero
- Falso

5. Il foglietto embrionale che dà origine agli organi interni come trachea, polmoni, esofago, stomaco, ecc. è:
- endoderma
- mesoderma
- ectoderma

6. Il cranio è composto da ossa della volta e suture.
- Vero

• Falso

7. Quale plasticità si riferisce a modificazioni di alcune proprietà come la frequenza di scarica dei potenziali d'azione?
• Plasticità sinaptica
• Plasticità strutturale
• Plasticità intrinseca

8. Tutte le vertebre sono uguali
• Vero
• Falso

9. Il foglietto embrionale responsabile della nascita del sistema nervoso centrale è:
• l'endoderma
• il mesoderma
• l'ectoderma

10. Il sistema linfatico è presente in tutto il nostro organismo.
• Vero
• Falso

11. Il neuroectoderma dà vita alla placca neurale che è precorritrice del sistema nervoso.
• Vero
• Falso

12. L'ipotalamo si trova nel:
• telencefalo
• diencefalo
• mesencefalo

13. L'aracnoide è sempre a contatto con la pia madre lungo tutte le circonvoluzioni cerebrali.
• Vero
• Falso

14. Nell'arco delle 24 ore può essere prodotto un quantitativo di liquor pari a:
- 500ml
- 300ml
- 400ml

15. Il midollo spinale conduce le informazioni attraverso un sistema di fibre nervose ascendenti e discendenti.
- Vero
- Falso

16. Il tronco dell'encefalo è composto da mesencefalo, ponte, midollo spinale
- Vero
- Falso

17. Il sistema linfatico nel SNC viene sostituito dall'attività del liquor
- Vero
- Falso

18. L'SNC è composto da encefalo e midollo spinale.
- Vero
- Falso

19. La sutura lambdoidea tiene unite le ossa parietali con l'osso frontale
- Vero
- Falso

20. La scissura che divide i due emisferi si chiama scissura intracranica.
- Vero
- Falso

Soluzioni

Le soluzioni sono sottolineate.

1. La capacità del nostro sistema nervoso di adattarsi a modificazioni dell'ambiente esterno e interno è detta:
- plasticità strutturale
- **plasticità sinaptica**
- plasticità intrinseca

2. Le suture sono articolazioni che tengono unite le ossa della volta
- **Vero**
- Falso

3. Il volume totale che il liquor può occupare all'interno dei ventricoli è:
- 130ml
- **140ml**
- 150ml

4. Le radici anteriori del metamero spinale sono sempre radici afferenti
- Vero
- **Falso** (sono sempre radici efferenti)

5. Il foglietto embrionale che dà origine agli organi interni come trachea, polmoni, esofago, stomaco, ecc. è:
- **endoderma**
- mesoderma
- ectoderma

6. Il cranio è composto da ossa della volta e suture.
- Vero
- **Falso** (è composto da ossa della volta e ossa della base)

7. Quale plasticità si riferisce a modificazioni di alcune proprietà come la frequenza di scarica dei potenziali d'azione?
- Plasticità sinaptica
- Plasticità strutturale
- **Plasticità intrinseca**

8. Tutte le vertebre sono uguali
- Vero
- **Falso** (le prime due vertebre, atlante e epistrofeo, sono atipiche)

9. Il foglietto embrionale responsabile della nascita del sistema nervoso centrale è:
- l'endoderma
- ilmesoderma
- **l'ectoderma**

10. Il sistema linfatico è presente in tutto il nostro organismo.
- Vero
- **Falso** (non è presente nel SNC)

11. Il neuroectoderma dà vita alla placca neurale che è precorritrice del sistema nervoso.
- **Vero**
- Falso

12. L'ipotalamo si trova nel:
- telencefalo
- **diencefalo**
- mesencefalo

13. L'aracnoide è sempre a contatto con la pia madre lungo tutte le circonvoluzioni cerebrali.
- Vero
- **Falso** (quando ci sono i solchi l'aracnoide non è più in contatto con la pia madre e crea dei ponti detti spazi subaracnoidei)

14. Nell'arco delle 24 ore può essere prodotto un quantitativo di liquor pari a:
- 500ml
- 300ml
- **400ml**

15. Il midollo spinale conduce le informazioni attraverso un sistema di fibre nervose ascendenti e discendenti.
- **Vero**
- Falso

16. Il tronco dell'encefalo è composto da mesencefalo, ponte, midollo spinale
- Vero
- **Falso** (mesencefalo, ponte, bulbo (anche detto midollo allungato)

17. Il sistema linfatico nel SNC viene sostituito dall'attività del liquor
- **Vero**
- Falso

18. L'SNC è composto da encefalo e midollo spinale.
- **Vero**
- Falso

19. La sutura lambdoidea tiene unite le ossa parietali con l'osso frontale
- Vero
- **Falso** (tiene unite le ossa parietali con l'osso occipitale)

20. La scissura che divide i due emisferi si chiama scissura intracranica.
- Vero
- **Falso** (si chiama scissura interemisferica)

21. Fasci ascendenti e discendenti

Come passa la comunicazione dalla periferia al SNC e viceversa? In questa lezione cerchiamo di chiarire alcuni punti oscuri, sempre e comunque senza pretesa di esaustività.

Nelle precedenti lezioni abbiamo parlato del canale vertebrale che contiene al suo interno il midollo spinale la cui unità fondamentale è il metamero. Dalle radici del metamero nascono i nervi spinali che sono nervi misti perché hanno una componente motoria (grazie agli alfa moto neuroni) e una componente sensitiva (grazie ai neuroni pseudounipolari).

Dentro questo canale vertebrale scorrono due fasci importantissimi che trasmettono informazioni dalla periferia al SNC e viceversa. Vengono chiamati fasci perché sono un gruppo di fibre nervose che percorrono la stessa via e svolgono la stessa funzione. Questi fasci sono:

- fasci discendenti;
- fasci ascendenti.

Nella prossima lezione parleremo delle vie ascendenti, approfondendo il concetto di sensibilità e di dolore mentre successivamente ci addentreremo nel complesso mondo dei fasci discendenti.

22. Vie ascendenti e sensibilità

Abbiamo detto che all'interno del canale vertebrale scorrono dei fasci che sono gruppi di fibre nervose accomunate dalla stessa direzione e dalla stessa funzione. I fasci sono sostanzialmente due: i fasci discendenti e i fasci ascendenti. In questa lezione parliamo delle vie ascendenti, anche dette afferenti perché vanno dalla periferia fino alla corteccia cerebrale. Le vie ascendenti sono vie che trasportano con loro informazioni sensitive.

Gran parte della sensibilità arriva alla corteccia cerebrale e diventa cosciente. Siamo, per esempio, consapevoli del dolore, della sensazione tattile di un vestito indossato, degli occhiali che portiamo sul naso, e via dicendo. Ci sono, però, altre sensazioni che restano non coscienti e che, quindi, non arrivano alla corteccia cerebrale ma vengono solitamente trasmesse al cervelletto e/o al tronco cerebrale.

Queste sensazioni sono importanti tanto quanto quelle coscienti perché aiutano, per esempio, il nostro organismo a mantenere l'omeostasi. Ad ogni modo tutte le sensazioni, siano esse coscienti o non coscienti, tranne quella olfattiva, passano inevitabilmente per il talamo che è una vera e propria stazione di smistamento. Avete presente la stazione dei treni? Ecco, se il talamo fosse una stazione dei treni tutti i treni dovrebbero passare da quella stazione per poter arrivare a destinazione. Il talamo, però, non smista soltanto le sensazioni ma le arricchisce anche, grazie alle connessioni con il sistema limbico, deputato all'analisi dei contenuti emozionali della percezione sensitiva. Rimanendo sulla metafora ferroviaria, è come se il talamo aggiungesse dei vagoni ai treni. Il talamo è, quindi, un importante terminale di raccolta, elaborazione e smistamento delle informazioni sensitive. Smistamento perché, come abbiamo detto, alcuni treni andranno alla corteccia cerebrale per diventare coscienti, altri treni arriveranno al cervelletto o al tronco cerebrale rimanendo non coscienti.

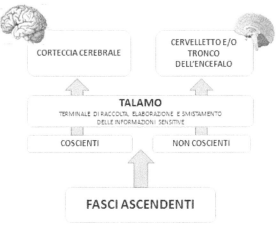

Attenzione però, perché la sensibilità non è tutta uguale nel nostro corpo e si può ripartire in due grandi famiglie: la sensibilità tattile discriminata/propriocezione cosciente che, per semplificare, da adesso in poi chiameremo sensibilità tattile propriocettiva e la sensibilità termica/dolorifica. A seconda della sensibilità trasportata si hanno diverse vie di afferenza e risalita verso l'encefalo.

Ma andiamo per grado vedendo il percorso di entrambe le vie della sensibilità. Partiamo con la via della sensibilità tattile propriocettiva.

La via della sensibilità tattile propriocettiva

I fasci che sono composti dalla branca centripeta del neurone pseudounipolare, nel caso della sensibilità tattile conscia e propriocettiva, prendono il nome di fascicolo gracile e fascicolo cuneato. È qui che parte la via della sensibilità tattile propriocettiva. Ho cercato di semplificarvi il percorso che intraprende dal neurone pseudounipolare fino ad arrivare alla corteccia in un'immagine che, seppur semplicistica, vuole delineare quelli che sono i 4 step.

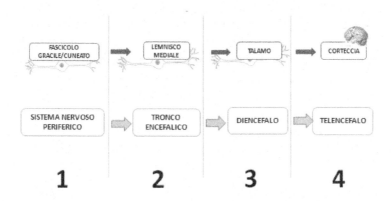

Il primo step è quello che parte dal neurone pseudounipolare, che abbiamo detto essere il neurone responsabile della sensibilità e che ha la caratteristica forma a T con due branche, una centrifuga che va verso la periferia e una centripeta, che va verso l'SNC. Proprio dalla branca centripeta si articolano i due fascicoli di cui abbiamo parlato poco fa, ossia il fascicolo gracile e il fascicolo cuneato. Siamo all'interno del sistema nervoso periferico. L'informazione sensitiva sale, quindi, lungo il midollo spinale direttamente e ipsilateralmente (ossia dallo stesso lato) fino ad arrivare al tronco dell'encefalo dove fa la seconda sinapsi all'interno del bulbo, precisamente nel nucleo gracile e nel nucleo cuneato. Il fascio che diparte da questi nuclei, indipendentemente se dall'uno o dall'altro, prende il nome di lemnisco mediale e arriva al talamo. Infine, dal talamo il neurone della sensibilità arriva alla corteccia.

Facciamo un esempio concreto per capirci meglio. Stiamo toccando un tavolo ruvido. Vediamo come fa l'informazione tattile di ruvidità ad arrivarci alla coscienza, ossia alla corteccia.

1. Il sistema nervoso periferico, tramite la mano, capta lo stimolo di ruvidità.
2. Lo stimolo risale lungo la branca centrifuga del neurone pseudounipolare ed entra nel metamero attraverso la branca centrifuga del neurone pseudounipolare.
3. Essa risale omolateralmente formando due fascicoli: il fascicolo gracile e il fascicolo cuneato.
4. Questi raggiungono il bulbo, fanno sinapsi con il 2° neurone della sensibilità e diventano controlaterali, formando il lemnisco mediale.
5. Il lemnisco mediale risale fino al talamo, contrae sinapsi con il 3° neurone della sensibilità che, a sua volta, raggiunge la corteccia somato-sensitiva. Eccoci arrivati alla corteccia.

In tutto, quindi, abbiamo 3 neuroni della sensibilità: il primo è il neurone pseudounipolare, il secondo lo troviamo nel tronco dell'encefalo, nello specifico nel bulbo, e il terzo lo troviamo nel talamo.

La via della sensibilità termica e dolorifica

Adesso passiamo, invece, alla sensibilità termica e dolorifica che ha un percorso un po' più complesso.

Innanzitutto, contrariamente alla sensibilità tattile e propriocettiva, la sensibilità termica e dolorifica ha una prima sinapsi nel midollo spinale (invece, abbiamo visto che quella tattile ha la prima sinapsi direttamente nel tronco dell'encefalo).

Ma andiamo per ordine proponendo lo stesso schemino di prima.

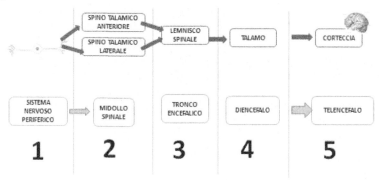

Gli step in questo caso sono 5 e non più 4 perché, come abbiamo detto poco fa, la via della sensibilità termica e dolorifica fa una prima sinapsi nel midollo spinale all'interno del metamero spinale tra la branca centripeta del neurone pseudounipolare e i neuroni spino-talamici. La branca centripeta fa sinapsi con il secondo neurone della sensibilità diventando controlaterale (passa da destra a sinistra o viceversa). Esso genera due fasci: spinotalamico laterale e spinotalamico anteriore che sono tributari del lemnisco spinale che decorre nel lato opposto rispetto a quello della sensibilità percepita (se sento caldo sulla mano destra, questa sensazione entra nel metamero a destra, passa nel metamero a sinistra e risale lungo il midollo spinale a sinistra). Il fascio lemnisco spinale arriva, quindi, al talamo e da qui parte l'ultima via che giunge in corteccia.

C'è, però, un'eccezione per il dolore acuto dove, come è intuibile, l'informazione deve essere veloce e salirà direttamente fino al nucleo talamico laterale formando quella che viene definita via neospinotalamica (o spinotalamica). Si saltano, quindi, i punti 2 e 3.

VIA NEOSPINOTALAMICA
PER IL DOLORE ACUTO

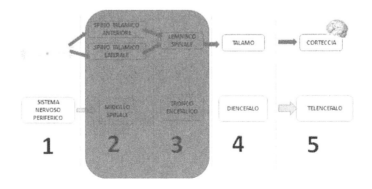

Vi faccio una domanda: ma se nello stesso momento arrivano due stimoli, uno dolorifico e uno tattile, quale dei due passa per primo? Io inizialmente, a questa domanda, avevo risposto che passa sicuramente lo stimolo dolorifico perché così, almeno, mi accorgo di provare dolore. In realtà è l'esatto opposto e la teoria che spiega questo meccanismo è la teoria del cancello.

Il cancello, metaforicamente parlando, apre le porte solo ad uno stimolo, non a tutti e due.

Se il cancello è di fronte ad uno stimolo dolorifico e uno tattile che arrivano contemporaneamente, allora sceglierà quello tattile chiudendo le porte a quello dolorifico. Questo perché il nostro corpo, che non è decisamente masochista come lo è spesso la nostra psiche, preferisce dar rilevanza allo stimolo che esclude l'evento dolorifico. Di fatto è anche un riflesso. Volete un esempio concreto? Basti pensare a quando ci scottiamo con la padella e continuiamo a toccare con insistenza la parte dolorante, oppure quando ci tagliamo e soffiamo sulla ferita o la mettiamo sotto l'acqua o, ancora, la lecchiamo. Tutti questi comportamenti istintivi sono dovuti alla teoria del cancello. Infatti, quando passa uno stimolo dolorifico, per esempio il dolore di una scottatura o il dolore di una ferita, noi tendiamo inconsciamente a ricercare uno stimolo tattile in modo da sovrastare lo stimolo dolorifico. È un meccanismo di riduzione del dolore!

Sul dolore non abbiamo però ancora finito. Vi propongo un approfondimento sull'argomento nella prossima lezione.

23. Approfondimento su dolore e sensibilità dolorifica

Nella lezione precedente abbiamo parlato delle vie ascendenti, ossia delle vie che vanno dalla periferia verso l'SNC e abbiamo visto che ci sono due tipi di sensibilità: quella tattile propriocettiva e quella termica/dolorifica. In questa lezione, vorrei approfondire l'argomento del dolore che è un argomento che ha una valenza psicologica non da poco. Infatti, il dolore è una sensazione spiacevole che porta con sé una carica emozionale più o meno forte. Il dolore ha una forte valenza psicologica proprio perché esprime la soggettività dell'individuo che sta vivendo l'esperienza di dolore, qualunque essa sia. È per questo che approfondiamo questo argomento.

Innanzitutto, il dolore può assumere due connotati:
1. dolore acuto;
2. dolore cronico (localizzato o non localizzato).

Il dolore acuto, come suggerisce la parola, è un dolore di intensità elevata che si verifica in uno specifico momento e ha come funzione quella di allertare il corpo della presenza di uno stimolo pericoloso. È proprio la reazione di allerta che fa scattare il corpo per la fuga dallo stimolo, a seconda della situazione. Per esempio, se io tocco la pentola che è ustionante sento un dolore acuto alla mano che allerta in pochissimi istanti il mio corpo del pericolo e mi fa togliere subito la mano.

Il dolore cronico localizzato è un dolore protratto nel tempo ed è una vera e propria condizione patologica che coinvolge una parte del nostro corpo (la testa, la schiena, ecc.). Molte persone, ahimè, soffrono di dolori cronici: esempi sono le emicranie oppure le sciatalgie oppure ancora i dolori mestruali di una certa entità.

Insomma, il dolore cronico è una zavorra che ci si porta dietro e che ci dà un appuntamento fisso che può essere giornaliero, settimanale o mensile. Comunque sia, quel dolore si ripresenterà portando con sé un carico di ansia e, talvolta, di depressione proprio perché non si riesce a trovare una cura.

Infine, abbiamo il **dolore generale o non localizzato** che è un dolore cronico presente, per esempio, nelle malattie degenerative, oncologiche e neurologiche, specie in fase avanzata. Il paziente, sovente, non riesce a riferire una zona dolorante specifica perché il senso di malessere è generale e invade tutto il corpo.

Esiste poi un'altra classificazione del dolore che riguarda il livello fisiopatogenetico e in questo caso troviamo:
1. dolore nocicettivo;
2. dolore neuropatico;
3. dolore idiopatico (o psicogeno).

Il dolore nocicettivo è un dolore trasmesso dai cosiddetti nocicettori che sono specifici recettori periferici neuronali che hanno il compito di trasmettere il dolore ai centri superiori dell'SNC. I nocicettori sono presenti nelle strutture somatiche e viscerali come, per esempio, la cute, le articolazioni, le ossa, i muscoli, gli organi e utilizzano mediatori chimici che vengono rilasciati nel momento in cui "sentono" lo stimolo dolorifico. Questi mediatori chimici sono prostaglandine e prostaciclina.

Il dolore neuropatico, invece, compare in seguito ad una lesione dell'SNC (encefalo e midollo spinale) o una lesione periferica (radici nervose, plessi e nervi). Le malattie correlate a questo tipo di dolore sono, per esempio, alcune neuropatie, la sclerosi multipla e le lesioni midollari e cerebrali. Queste malattie generano una riduzione o una perdita della sensibilità, con sensazioni permanenti che vanno dal formicolio alla "scossa elettrica", dalle fitte ai bruciori. È proprio per questo che, contrariamente al dolore nocicettivo, il dolore neuropatico è di difficile controllo e spesso si ricorre all'uso di oppioidi e morfina per sedarne i dolori talvolta molto intensi.

Infine, abbiamo il **dolore idiopatico** (Psicogeno) che è un dolore riferito dal paziente ma senza una causa evidente. Entra qui in gioco la psiche in modo molto più forte rispetto agli altri tipi di dolore in quanto il paziente riporta sintomi dolorifici che non hanno un riscontro organico. In realtà, il dolore ha sempre una valenza psicologica e di questo tutti i medici e gli psicologi dovrebbero tenerne sempre conto.

In ultimo, vediamo insieme quali sono **i mediatori chimici del dolore.**

- Sostanza P, un peptide coinvolto nella trasmissione e mantenimento del dolore di tipo infiammatorio.
- Serotonina e la noradrenalina che hanno una funzione prevalentemente inibitoria. Questi due neurotrasmettitori vengono modulati dall'acetilcolina.
- Ossido nitrico che sensibilizza alla percezione della stimolazione; svolge un ruolo determinante nel processo di sviluppo del dolore cronico.
- GABA (acido gamma amminobutirrico), un amminoacido presente soprattutto nelle corna posteriori del midollo spinale. Ha un ruolo inibitorio, ma non solo. Proprio per questo, lo sfruttamento di farmaci GABA-ergici risulta problematico nella pratica clinica.

- EAA (aminoacidi eccitatori), amminoacidi con funzione prettamente eccitatoria che agiscono come attivatori sui recettori NMDA e possono essere inibiti dal metadone, dalla ketamina o dal destrometorfano.
- Somatostatina, un peptide ad attività generalmente inibitoria, ma anche antagonista recettoriale del sistema degli oppiacei endogeni. Può, pertanto, inibire l'effetto analgesico.

24. Vie discendenti e fascio piramidale

Abbiamo detto che, all'interno del canale vertebrale, scorrono dei fasci che sono gruppi di fibre nervose accomunate dalla stessa direzione e dalla stessa funzione. I fasci sono sostanzialmente due: fasci discendenti e fasci ascendenti.

In questa lezione parliamo delle vie discendenti, ossia delle vie che originano dalla corteccia cerebrale per andare a portare informazioni alla periferia. Giusto perché il corpo umano è una macchina perfetta e, in quanto tale, molto complessa, non esiste solo una via discendente. Esistono, infatti, delle vie discendenti dirette e delle vie discendenti indirette. Ad ogni modo, tutte originano dalla corteccia cerebrale poiché sono tutte deputate al movimento.

Per cercare di comprendere meglio e in modo semplice i fasci discendenti li dividiamo in 3 sistemi anche se, anatomicamente, non c'è una separazione così netta. A noi serve per comprendere meglio come funziona il nostro organismo in quanto a movimento. Questi 3 sistemi sono:

- il sistema piramidale;
- il sistema extrapiramidale;
- il sistema prepiramidale.

L'insieme di questi tre sistemi costituisce un elemento indispensabile per la corretta organizzazione del movimento. In questa lezione scopriremo quali funzioni hanno questi tre sistemi deputati al movimento.

Fascio piramidale

Soffermiamoci sul fascio piramidale che si chiama in questo modo per la sua particolare conformazione a forma di piramide rovesciata.

Il fascio piramidale ha l'importantissima funzione di trasportare gli impulsi generati dalla corteccia cerebrale verso la periferia per dare così il via al movimento volontario.

Ha, fondamentalmente, la funzione di condurre stimoli volontari. Se voglio compiere un movimento, come prendere una penna tra le dita, ecco che il fascio piramidale entra in gioco.

Il fascio piramidale deriva dalla parte della corteccia motoria definita area 4 di Brodmann. Questo fascio ha un andamento molto particolare, come potete vedere dall'immagine qui sotto.

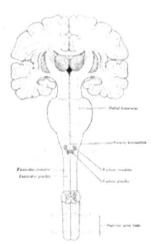

(Immagine: https://it.wikipedia.org/wiki/Sistema_piramidale)

Se origina dall'emisfero destro, a livello del bulbo, si incrocia con il fascio proveniente da sinistra e continua la sua discesa contro lateralmente, ossia fa un'inversione di marcia. Parte a destra ma, a livello del bulbo, prosegue a sinistra. Questa inversione di marcia viene chiamata **decussazione delle piramidi** e avviene all'altezza del bulbo che è uno degli elementi del tronco dell'encefalo. Ad essere precisi, non tutte le fibre nervose che compongono il fascio piramidale compiono la decussazione. In realtà, l'80% compie l'inversione di marcia mentre il restante 20% prosegue il suo tragitto ipsilateralmente, ossia dallo stesso lato del corpo dal quale le fibre sono partite.

Abbiamo ora approfondito il fascio piramidale, ma adesso dobbiamo chiarire al meglio la differenza tra i 3 sistemi (piramidale, extrapiramidale, prepiramidale).

Per poterlo fare, prendiamo l'esempio di un'azione che molti di noi fanno quotidianamente: guidare un'automobile. Guidare un'auto è un'azione automatica anche se l'input iniziale è stato, per forza, qualcosa di volontario. Io ho deciso di andare in macchina dalla mia amica, entro in macchina, mi siedo e accendo l'auto. Quindi, abbiamo l'input che è volontario mentre l'esecuzione è automatica.

Ecco che nell'input volontario entra in gioco il fascio piramidale, il quale riceve informazioni dalla corteccia cerebrale e inizia ad eseguire il compito. Il sistema piramidale provvede, quindi, alla corretta esecuzione mentre il **sistema extrapiramidale** lo orienta nello spazio, lo associa ad altri movimenti e lo regola. È proprio per questo motivo che un'interruzione del fascio piramidale causa la compromissione totale del movimento, mentre un danno alle fibre delle vie extrapiramidali non compromette il movimento ma la sua esecuzione in quanto, per esempio, a forza e precisione.

E il **sistema prepiramidale**? Quale ruolo ha nel movimento? Abbiamo detto che il controllo del movimento volontario è deputato al fascio piramidale mentre il sistema extrapiramidale orienta il movimento, lo equilibra e lo regola. Il sistema prepiramidale, invece, si inserisce nella modulazione e nella coordinazione del movimento.

Ci sono diverse strutture che fanno parte di questo sistema. Troviamo il cervelletto, i gangli della base, la corteccia premotoria e i neuroni specchio, anche detti neuroni mirror. In questa lezione introduciamo brevemente il cervelletto e i gangli della base, ma appuntatevi che torneremo a parlare di tutti questi elementi facenti parte delle vie prepiramidali successivamente.

Il cervelletto è un vero e proprio timone del movimento che parte dal sistema piramidale e che si occupa della sua esecuzione. Per eseguire nel modo migliore un movimento, però, c'è bisogno di un timone, un organo che regoli gli schemi motori in uscita, per quanto riguarda, per esempio, la velocità e la qualità del movimento. Per questo motivo, il cervelletto ha solo funzioni inibitorie: grazie alla sua attività, i rapidi impulsi prodotti dalla corteccia cerebrale motoria sono ordinati e coordinati in modo tale da ottenerne il corretto svolgimento del moto.

Anche **i gangli della base** sono coinvolti nel movimento. Sono aree presenti nel proencefalo e nel mesencefalo e sono:

- lo striato (in particolare, il nucleo caudato e putamen);
- il pallido (globo pallido) che comprende una parte esterna e una interna;
- il nucleo subtalamico;
- la pars compacta che è la parte principale, pigmentata, della sostanza nera.

25. Il talamo

Ripassiamo un attimo da cosa è composto il sistema nervoso centrale.

- Il sistema nervoso centrale è composto da encefalo e midollo spinale.
- L'encefalo è composto da: proencefalo, tronco dell'encefalo e cervelletto.
- Il proencefalo è composto da telencefalo e diencefalo. Nel telencefalo ci sono la corteccia cerebrale e i gangli della base, mentre nel diencefalo troviamo ipotalamo e talamo. In questa lezione parliamo del talamo.

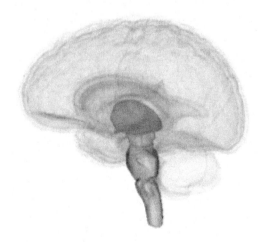

Il talamo è composto da 12 nuclei di sostanza grigia ed è il più corposo raggruppamento nucleare di tutto il sistema nervoso. È un sistema molto complesso perché ogni nucleo ha una propria indipendenza, una propria funzione e, quindi, le proprie afferenze ed efferenze. Per esempio, i nuclei del talamo motorio ricevono informazioni dai gangli della base e dal cervelletto che, come abbiamo detto nelle lezioni precedenti, sono organi fondamentali nel controllo del movimento. I nuclei a funzione cognitiva, invece, ricevono afferenze dalla corteccia prefrontale che è responsabile dei processi di pensiero e decisionali.

Il talamo può anche essere suddiviso, come gli emisferi, in due parti uguali: il talamo di sinistra e il talamo di destra. C'è un'altra suddivisione del talamo che prevede la divisione di quest'ultimo in tre grandi gruppi con funzioni distinte:

- nuclei specifici (o di relay) che sono connessi reciprocamente con aree corticali motorie o sensitive specifiche;
- nuclei associativi che sono connessi con aree associative della corteccia cerebrale;
- nuclei non specifici che non sono legati ad una singola modalità sensitiva. Essi sono i nuclei intralaminari e il nucleo reticolare.

Non so se vi ricordate il paragone che vi avevo fatto inerente al talamo. Il talamo è come una stazione ferroviaria dove tutti i treni che salgono verso la corteccia o che scendono dalla corteccia, a prescindere dalla loro destinazione, devono per forza passare da lì. È esattamente questa la sua funzione strategica all'interno dell'encefalo. Esso è un terminale di raccolta, elaborazione e smistamento delle informazioni ascendenti e discendenti. Possiamo quindi affermare che tutto passa per il talamo in entrata e in uscita. C'è un'unica eccezione. Tutto passa dal talamo tranne le sensazioni olfattive.

Il talamo non è, però, solo una stazione di smistamento treni ascendenti e discendenti dalla corteccia. Ha anche un'altra funzione omeostatica fondamentale nel nostro organismo, quella connessa con i cicli sonno-veglia. Le funzioni talamiche possono, infatti, essere correlate ai due differenti stati funzionali di sonno e veglia che il nostro corpo vive durante l'arco delle 24 ore. Quello che pare essere il controllore rispetto alle due fasi sonno-veglia è il nucleo reticolare. Viene considerato, ad oggi, una sorta di interruttore capace di gestire l'alternanza delle fasi.

26. Il cervelletto

Nella lezione sulle vie discendenti abbiamo parlato del sistema prepiramidale, un sistema che ha l'importante funzione di modulare e coordinare il movimento.

Abbiamo visto che questo sistema prepiramidale è costituito da: cervelletto, gangli della base, corteccia premotoria e neuroni specchio, anche detti neuroni mirror. In questa lezione parliamo del cervelletto che, come vedete in questa foto, si trova in posizione caudale nel SNC, cioè nella parte posteriore sottostante al lobo occipitale encefalico.

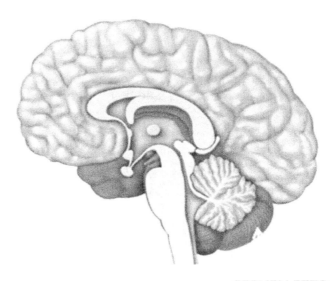

CERVELLETTO

Come abbiamo detto, il cervelletto fa parte del sistema prepiramidale ed è suddiviso in due emisferi, quello destro e quello sinistro separati da una struttura chiamata verme cerebellare. La sua struttura non è liscia come si può constatare dalla foto, ma ha delle fessure che vengono chiamate lamine cerebellari o folia. Sembra un po' la forma di una sfogliatella, con tante pieghe regolari e parallele tra loro. Anche nel cervelletto troviamo la corteccia, detta corteccia cerebellare, che è formata da sostanza grigia. Questa è, però, poco visibile proprio a causa delle lamine.

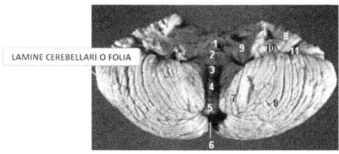

LAMINE CEREBELLARI O FOLIA

(Immagine: https://it.wikipedia.org/wiki/Cervelletto)

Il cervelletto può essere definito come il regolatore dei movimenti volontari. Sulla base di un movimento "pensato", quindi volontario, il cervelletto ne analizza il range, la velocità, la qualità, l'equilibrio, la propriocezione cosciente e via dicendo. Tutto lo schema motorio viene regolato dal cervelletto che ha solo una funzione inibitoria del movimento. Ma vediamo più in dettaglio come il cervelletto interviene nella regolazione del movimento.

Prendiamo come esempio il voler alzare il braccio destro per prendere il cellulare sul tavolo.

1. La corteccia pre-motoria dell'emisfero cerebrale sinistro elabora il movimento.

2. In seconda battuta, la corteccia motoria primaria (area 4) dell'emisfero sinistro riceve l'impulso e lo trasforma in un segnale destinato a muovere i muscoli del braccio destro che servono per prendere il cellulare sul tavolo.

3. Il segnale passa dalla corteccia motoria primaria al tronco dell'encefalo: qui c'è un bivio perché parte dei segnali prosegue verso l'arto superiore destro, gli altri segnali sono invece trasmessi all'emisfero destro del cervelletto.

4. Mentre il braccio inizia a muoversi, il cervelletto fa un vero e proprio confronto tra l'informazione ricevuta dalla corteccia e quella "immagazzinata" al suo interno, verificandone la corretta esecuzione. Il cervelletto può essere metaforicamente definito come un computer di bordo del movimento dove al suo interno sono contenuti in memoria tutti i movimenti già appresi da quando si è nati. Infatti, il cervelletto cresce e si forma completamente entro i due anni di età e immagazzina tutti i movimenti che ha già compiuto in passato. Abbiamo detto che il cervelletto confronta il movimento in atto con i movimenti che ha in memoria e vede se il movimento va bene o deve essere regolato o modificato in qualche modo. Se il movimento è OK e segue lo schema motorio corretto, allora il cervelletto non interverrà. Se il movimento non è OK e non segue lo schema motorio corretto, allora il cervelletto interverrà per modulare e regolare il movimento a seconda di ciò che c'è da modificare che può essere per esempio, la velocità, la forza, l'ampiezza e via dicendo.

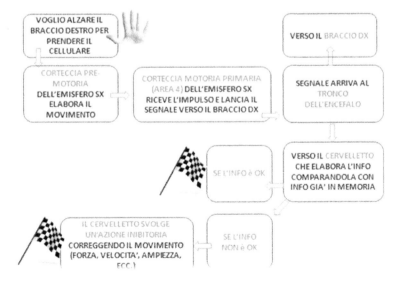

Ma come viene inibito esattamente il movimento? Esistono delle cellule inibitorie chiamate cellule di Purkinje che sono presenti in modo massiccio nel cervelletto e gli consentono di espletare la propria funzione di modulazione e regolazione del movimento impedendo a determinati schemi motori errati di avere luogo. Il cervelletto è, un organo inibitore proprio grazie alle cellule di Purkinje che sono delle fibre nervose che inibiscono i neuroni eccitatori.

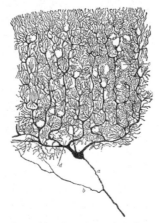

(Immagine: https://it.wikipedia.org/wiki/Cervelletto)

Come potete vedere dall'immagine, sono cellule con un soma molto grosso rispetto all'albero dendritico, tozze e con numerose ramificazioni. Il neurotrasmettitore inibitore per eccellenza nel SNC, quindi usato da queste cellule, è il GABA.

Funzionalmente, il cervelletto può essere suddiviso in tre parti:

1. spinocerebello;
2. vestibolocerebello;
3. neocerebello.

Dico funzionalmente perché a livello anatomico la suddivisione non sussiste. A noi serve suddividere il cervelletto in tre parti per vedere quale funzione espleta quella determinata parte del cervelletto ma è buono sapere che a livello anatomico questa suddivisione non c'è realmente.

Lo spinocerebello è anche detto paleocerebello ed è la parte più antica del cervelletto. Questa parte si connette con il midollo spinale ed è per quello che vi consiglio di imparare il nome spinocerebello in modo tale da ricordarvi che è in collegamento con il midollo spinale. La funzione dello spinocerebello è quello di regolare il tono muscolare e la postura.

Il vestibolocerebello (detto anche archicerebello) è costituito dal nodulo (estremità anteriore del verme inferiore) e dai flocculi. È connesso con i nuclei vestibolari che, a loro volta, sono in rapporto con i recettori del senso statico e dinamico dell'orecchio interno (equilibrio). È sede, pertanto, di tutte quelle regolazioni che ci permettono di stare, ad esempio, in posizione eretta e in equilibrio.

Il neocerebello (chiamato anche corticocerebello) è la parte del cervelletto che si è formata più di recente. La sua funzione è quella di regolare i movimenti volontari e automatici.

27a. I Gangli della base

Nella lezione precedente abbiamo parlato del cervelletto che fa parte del sistema prepiramidale insieme ai gangli della base, alla corteccia premotoria e ai neuroni specchio.

In questa lezione approfondiamo i gangli della base che sono delle specifiche aree del proencefalo e del mesencefalo coinvolte nel controllo del movimento. Vengono anche chiamati nuclei della base ma noi li chiameremo gangli della base perché in inglese si usa il termine basal ganglia.

I gangli della base sono:
- **lo striato** – composto dal nucleo caudato e pùtamen;
- **il pallido** – detto anche globuspallidus, che comprende una parte esterna e una parte interna.

La parte interna ha un'estensione mesencefalica nota come pars reticulata della sostanza nera.

- **Il nucleo subtalamico**
- **La sostanza nera** nota come pars compacta

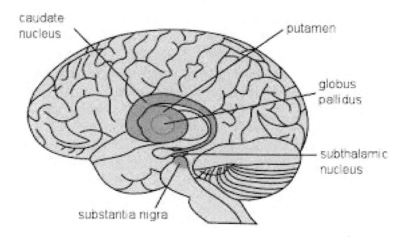

Esistono dei circuiti aperti, sia diretti che indiretti, che partono dalla corteccia per finire a diverse aree corticali. Sono:

1. circuito motorio – coinvolto nei movimenti già appresi;

2. circuito cognitivo – rilevante per l'intenzione di compiere movimenti;

3. circuito limbico – coinvolto negli aspetti emotivi del movimento;

4. circuito oculomotore – coinvolto nei movimenti oculari volontari.

Come potete notare, i gangli della base sono interessati nelle funzioni cognitive ed emozionali come le risposte comportamentali, quelle emotive, empatiche (per esempio sbadigliare quando qualcuno sbadiglia) e nell'apprendimento. Recentemente si è, per esempio, ipotizzato che i gangli della base siano implicati in alcuni disturbi ossessivo-compulsivi.

Esistono fondamentalmente due circuiti: una via diretta e una via indiretta. La prima attiva il movimento mentre la via indiretta inibisce il movimento. Quindi, per dirla in altre parole, la via diretta ha un'azione facilitatoria del movimento mentre la via indiretta tende ad inibire l'area motoria primaria.

Via diretta → facilitazione del movimento
Via indiretta → inibizione del movimento

I gangli della base forniscono certamente un "ponte" tra corteccia cerebrale e talamo con ritorno alla corteccia. In modo semplicistico possiamo dire che il circuito è dato da:

Corteccia cerebrale → gangli della base → talamo → corteccia cerebrale

Tutto questo sistema è deputato alla regolazione del movimento e NON alla generazione del movimento. Questo punto è veramente molto importante perché i gangli della base non generano il movimento in quanto si è visto che essi si attivano solo a movimento iniziato per controllarlo e regolarlo, esattamente come fa il cervelletto. I gangli della base identificano l'obiettivo del movimento nello spazio (ad esempio il voler prendere il cellulare dal tavolo con il braccio destro), regolano il movimento e determinano la direzione del movimento.

Nella realtà odierna le funzioni dei gangli della base non sono ancora perfettamente conosciute. L'unica cosa certa è che essi fungono da regolatori del movimento e che uno scarso controllo porta ad una ipocinesia, mentre un eccessivo controllo porta a tic e movimenti bruschi o poco controllati.

La malattia che vede i gangli della base come principale responsabile è il morbo di Parkinson. Questo morbo origina da una degenerazione della substantia nigra portando gli stimoli inibitori a venire soppressi a favore di quelli eccitatori. Non funziona più il controllo del movimento volontario, dando vita a tremori a riposo, ipertonia con rigidità, incapacità di movimento pur senza riduzione muscolare, disturbi della parola e della scrittura. Approfondiremo il morbo di Parkinson nella prossima lezione.

27b. Il Parkinson

Nella lezione precedente abbiamo parlato dei gangli della base che fanno parte delle vie prepiramidali e che sono fondamentali nel controllo e nella regolazione del movimento.

I gangli della base sono lo striato, il pallido, il nucleo subtalamico e la sostanza nera.

Una degenerazione dei neuroni nigrostriatali causa il cosiddetto Parkinson che è un morbo che colpisce l'1% della popolazione mondiale al di sopra dei 50 anni di età.

Vedete in questa immagine la differenza tra un cervello senza Morbo di Parkinson (in alto) e quello con Morbo di Parkinson (in basso). Quella striatura nera, che è la substantia nigra, nel cervello con morbo non c'è quasi più.

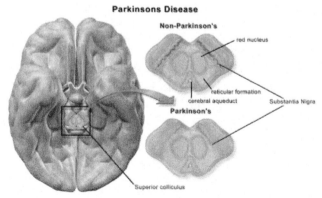

(Immagine: http://www.braintrainuk.com/other-conditions-that-neurofeedback-supports/neurofeedback-for-parkinsons/)

La degenerazione dei neuroni nigrostriatali provoca una iperattività dello striato che, come abbiamo detto, è una parte dei gangli della base. Questa iperattività provoca una maggiore attività della via motoria indiretta su quella diretta. Nella lezione sui gangli della base, infatti, avevamo detto che questi organi creano due circuiti, un circuito diretto e uno indiretto. La via diretta controlla l'attivazione della corteccia mentre la via indiretta ne inibisce la sua attivazione. Quindi, nel morbo di Parkison la via indiretta è iperattiva rispetto a quella diretta.

Vediamo i principali segni e sintomi che caratterizzano questa malattia a partire ovviamente dai disturbi motori che sono quelli di maggiore rilievo in questo morbo.

Tipico del morbo di Parkinson è il tremore, che possiamo dire essere il segno più comune di questa patologia. Il tremore è generalmente presente quando il muscolo è a riposo mentre tende a diminuire durante i movimenti volontari e nel sonno. Poi ci può essere acinesia ossia difficoltà a dare il via al movimento. Il paziente farà molta fatica anche solo ad alzarsi dalla sedia. Poi ci può essere bradicinesia, ossia lentezza dei movimenti. I pazienti impiegano molto tempo anche solo nelle attività quotidiane perché i loro movimenti sono rallentati. Poi si riscontra rigidità della muscolatura e un'alterazione dei riflessi posturali. Infatti, molti pazienti hanno una postura incurvata e hanno la tendenza a sbilanciarsi facilmente perdendo l'equilibrio. Questi sono i principali segni e sintomi motori ma ci possono anche essere altri segnali di questa malattia. Dal punto di vista fisico si possono verificare problemi di incontinenza oppure problemi di deglutizione o di costipazione. Dal punto di vista mentale invece la patologia può essere accompagnata da demenza, depressione e problemi di insonnia.

28. Corteccia Premotoria e neuroni mirror

Nella lezione precedente abbiamo detto che le vie prepiramidali sono costituite da: cervelletto, gangli della base, corteccia premotoria e neuroni specchio, anche detti neuroni mirror. Abbiamo approfondito il cervelletto che è il timone regolatore del movimento e i gangli della base, anch'essi coinvolti nella regolazione e modulazione del movimento. In questa lezione, invece, andiamo a parlare brevemente della corteccia premotoria e dei neuroni mirror.

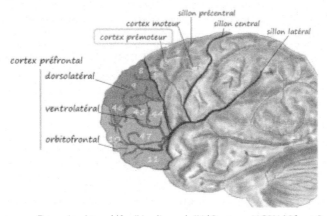

(Immagine: https://fr.wikipedia.org/wiki/Cortex_pr%C3%A9frontal)

Iniziamo con **la corteccia premotoria**, che vedete nell'immagine.

Questa parte della corteccia è sempre attiva e ha una funzione importante di stabilizzazione delle spalle e delle anche durante i movimenti, sia manuali che di deambulazione. Se la corteccia premotoria venisse danneggiata si verificherebbe un deficit di stabilità della spalla e del bacino controlaterale.

I neuroni specchio, anche detti neuroni mirror, sono una recente scoperta delle neuroscienze. La funzione dei neuroni specchio è legata all'imitazione motoria ossia all'imitazione del movimento di altre persone di fronte a noi. Se una persona di fronte a noi sta prendendo una bottiglietta d'acqua sul tavolo, i neuroni specchio si attiveranno esattamente come se fossimo noi a compiere l'azione. I neuroni mirror sono, infatti, strettamente connessi al concetto di empatia e simulazione.

Nell'essere umano non sono localizzati solo nelle aree motorie e premotorie, ma si trovano anche nell'area di Broca (area del linguaggio) e nella corteccia parietale inferiore.

Il fatto che parte dei neuroni specchio siano attivati vicino all'area di Broca, per alcuni scienziati, è la prova che l'evoluzione del linguaggio sia stata possibile grazie alla trasmissione di informazioni veicolate dalle prestazioni gestuali (anche delle labbra) e che tutto il sistema dei neuroni mirror è stato in grado di codificare/decodificare e di comprendere, il linguaggio umano. Di questo non c'è ancora evidenza scientifica, ma è una supposizione che, vista l'attinenza anatomica con l'area di Broca, non è del tutto improbabile. Altri studi correlano l'attivazione dei neuroni specchio alla comprensione delle intenzioni non ancora manifestate sottostanti alla previsione di un comportamento da mettersi in atto a breve.

29. I Nervi cranici

Nelle lezioni precedenti abbiamo parlato di come le informazioni vengono trasportare dalla periferia all'SNC e viceversa con le vie ascendenti e le vie discendenti.

In questa lezione rimaniamo sull'argomento della trasmissione di informazioni nel nostro organismo parlando dei nervi cranici che sono nervi che originano nel tronco dell'encefalo e che sono estremamente importanti per le diverse funzioni che essi svolgono. Vediamoli insieme.

Innanzitutto, i nervi cranici, come i nervi spinali, sono considerati a coppia e abbiamo in tutto 12 paia di nervi cranici. Essi vengono suddivisi a seconda della loro funzione e tipologia (possono infatti essere sensitivi, motori o misti (sia sensitivi che motori)). La suddivisione segue la numerazione romana:

I paio – nervo olfattivo (sensitivo)
II paio – nervo ottico (sensitivo)
III – IV – VI paio – n. oculomotore – n. trocleare – n. abducente (motori)
V paio – nervo trigemino (misto)
VII paio – nervo faciale (misto)
VIII paio – nervo vestibolo-cocleare (sensitivo)
IX paio – nervo glossofaringeo (misto)
X paio – nervo vago (misto)
XI paio – nervo accessorio (motore)
XII paio - nervo ipoglosso (motore)

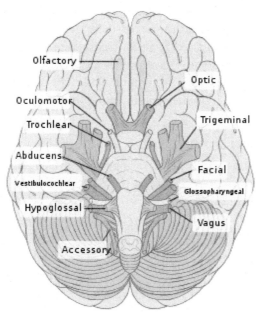

(Immagine: https://en.wikipedia.org/wiki/Cranial_nerves)

Conosciamo meglio ciascun nervo.

Il nervo olfattivo è un nervo sensitivo ed è costituito da cellule olfattive che mandano segnali afferenti, ossia ricevono lo stimolo odoroso dall'esterno e lo trasmettono verso l'SNC. In seguito a traumi (spesso dopo fratture), questo sistema di captazione dello stimolo odoroso può andare incontro a problematiche di varia natura: esistono diversi disturbi che possono essere divisi in: disturbi quantitativi e disturbi qualitativi.

I disturbi qualitativi sono:

- disosmie, quando si hanno percezioni distorte dello stimolo odoroso;
- parosmie, quando si percepiscono odori in assenza di stimoli odorosi.

I disturbi quantitativi, invece, sono:

- iposmia dove si ha una diminuzione dell'olfatto;
- anosmia che è la perdita totale dell'olfatto.

Passiamo al secondo paio che è **il nervo ottico**, anch'esso sensitivo e non è altro che il prolungamento delle cellule gangliari della retina. Per la sua struttura e la modalità di sviluppo, andrebbe considerato come una via centrale e non un sistema di conduzione periferico verso l'SNC. Per consuetudine, però, viene descritto assieme ai nervi cranici. Esso entra nella cavità cranica attraverso il forame cieco e si unisce al nervo ottico controlateralmente formando il chiasma ottico. Dal chiasma ottico originano i due tratti ottici.

Adesso parliamo dei nervi cranici **III oculomotore – IV trocleare e VI abducente** che vengono generalmente accorpati insieme perché concorrono tutti e tre al movimento sui vari assi del bulbo oculare.

Il nervo oculomotore innerva il retto superiore che consente all'occhio di guardare verso l'alto, il retto inferiore verso il basso, il retto mediale per guardare verso l'interno e, infine, l'obliquo inferiore per guardare verso l'alto in posizione laterale.

Il nervo trocleare innerva l'obliquo superiore per guardare verso il basso in posizione laterale.

Il nervo abducente innerva il retto laterale per ruotare gli occhi verso l'esterno.

Come potete vedere, la maggior parte dei movimenti vengono controllati dal terzo nervo, quello oculomotore. La lesione a questo nervo provoca dei disturbi come, per esempio, lo strabismo esterno.

Passiamo ora al **V nervo** detto **trigemino.** È un nervo misto perché ha una grande componente sensitiva e una piccola componente motoria. La parte sensitiva è destinata alla cute del viso, alle mucose, ai denti, al palato e alla lingua e ha tre branche derivanti dal ganglio semilunare di Gasser (detto anche ganglio trigeminale): la branca oftalmica, mascellare e mandibolare. La parte motoria è, invece, destinata ai muscoli masticatori.

Vediamo ora il **VII nervo** che è il nervo **facciale** anche detto nervo faciale- intermedio. È uno dei nervi più complessi per il suo decorso anatomico. Innanzitutto, diciamo che è un nervo misto anche se, in realtà, è un nervo prevalentemente motore ma ha anche una piccola componente motrice viscerale parasimpatica. Vediamo le sue funzioni: innerva i muscoli mimici della faccia, è responsabile della sensibilità gustativa dei 2/3 anteriori della lingua e della secrezione salivare e lacrimale (ghiandole sottolinguali e sottomascellari). Un danno al facciale, è evidente, darà numerose problematiche soprattutto di tipo mimico (con paresi).

L'VIII paio di nervi cranici è esclusivamente sensitivo ed è composto dal nervo **vestibolococleare**. Il nome vestibolo-cocleare è dovuto al fatto che questo nervo è, in realtà, costituito da due radici distinte: la radice del nervo cocleare e la radice del nervo vestibolare.

Il nervo cocleare è collegato agli organi deputati al senso dell'udito e lesioni a questo nervo possono causare ipoacusie di diversa natura. Invece, il nervo vestibolare raccoglie informazioni relative all'equilibrio ed è quindi evidente che patologie che coinvolgono questo nervo possono generare problemi come vertigini e alterazioni della marcia.

Passiamo ora al **IX nervo** che è misto e si chiama **glossofaringeo**. Essendo misto possiede una componente sensitiva viscerale diretta alla parotide (salivazione), alla sensibilità cutanea dell'orecchio e alla sensibilità gustativa di parte della lingua. La componente motoria è, invece, diretta alla muscolatura del palato. Se la componente motoria venisse lesionata si potrebbe, per esempio, avere difficoltà a deglutire (disfagia faringea).

Vediamo ora il **nervo vago** che è il **X paio** ed è il nervo più complesso che ci sia. Non è stato chiamato vago a caso. Infatti, questo nervo vaga praticamente per tutto il corpo e si allontana parecchio dall'encefalo raggiungendo il cuore e persino l'intestino. È un nervo misto perché possiede anche componenti sensitive viscerali. Vi lascio immaginare quante problematiche può generare una lesione del nervo vago, da problemi della faringe fino ad arrivare a problemi allo stomaco o al cuore.

Il **nervo accessorio** è l'**XI paio** e, anche in questo caso, il nome non è dato a caso in quanto questo nervo è un accessorio di altre radici nervose. Le sue funzioni sono: controllo dei movimenti di elevazione della spalla e di rotazione della testa. È chiaro, quindi, che una lesione a questo nervo può causare problematiche motorie e difetti posturali.

Infine, abbiamo il **nervo ipoglosso** che è il **XII paio.** È un nervo esclusivamente motore destinato ai muscoli genioglosso, stiloglosso, ioglosso e ai muscoli intrinseci della lingua.

Per collegarci ai nervi cranici di cui abbiamo parlato ora, nella prossima lezione parleremo del tronco dell'encefalo dal quale questi nervi originano.

30. Tronco dell'encefalo

Nella lezione di introduzione al sistema nervoso centrale, abbiamo detto che l'SNC è composto da proencefalo, tronco dell'encefalo e cervelletto. In questa lezione andiamo ad approfondire il tronco dell'encefalo.

Il tronco dell'encefalo è composto da tre parti: (da craniale, ossia verso l'alto, a caudale, ossia verso il basso) troviamo:

- mesencefalo;
- ponte;
- midollo allungato, anche detto bulbo.

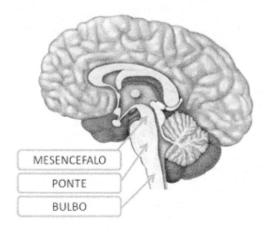

Il **Mesencefalo** è una struttura nervosa che collega gli emisferi cerebrali a ponte e cervelletto. Vediamo insieme cosa troviamo nel mesencefalo.

- Innanzitutto, il mesencefalo è attraversato per tutta la sua lunghezza da fibre ascendenti e discendenti ossia da fibre che salgono verso la corteccia cerebrale e fibre che scendono verso la periferia del corpo.
- Inoltre, è sede di nuclei motori e centro di regolazione/integrazione di diverse funzioni nervose.
- Nel mesencefalo, troviamo i nuclei del nervo oculomotore comune (III paio) e del nervo trocleare (IV paio).
- Poi troviamo delle formazioni di sostanza grigia che rappresentano i centri del sistema motorio extrapiramidale: queste formazioni sono il nucleo rosso (chiamato in questo modo proprio per il suo colore rosso) e la sostanza nera pars compacta, composta da un gruppo di neuroni dopaminergici molto importanti perché una loro degenerazione è responsabile della malattia di Parkinson.
- Inoltre, nel mesencefalo troviamo la formazione reticolare, presente anche nel ponte e nel bulbo.

Il **ponte** deriva dalla porzione ventrale della vescicola mesencefalica, la parte dorsale della quale dà origine al cervelletto il cui sviluppo è strettamente correlato a quello del ponte stesso. Il ponte si presenta come un ispessimento ventrale del tronco encefalico e appare, in superficie, come costituito da fibre trasversali che vanno da un emisfero cerebellare all'altro. È per questo motivo che si chiama ponte, in quanto rappresenta un importante raccordo di informazioni tra un emisfero e l'altro. Dal ponte derivano i seguenti nervi cranici: abducente (VI paio), faciale (VII paio), vestibolo-cocleare (VIII paio), trigemino (V paio).

Infine, troviamo il **midollo allungato** anche detto bulbo. Vi voglio far riflettere sul termine midollo allungato perché questo termine spiega perfettamente la sua collocazione e la sua funzione. Il bulbo è, infatti, un tramite tra il midollo spinale e il ponte, è un po' come se fosse, caudalmente, un prolungamento del midollo spinale. L'unica differenza è che il bulbo è più spesso rispetto al midollo spinale e misura all'incirca 3-4 cm. La sua conformazione è particolare perché presenta due ingrossamenti che vengono chiamati olive bulbari.

Vi ricordate che cosa avviene nel bulbo? Nella lezione sulle vie discendenti, abbiamo detto che la decussazione delle piramidi, ossia l'incrocio tra i fasci cortico spinali, avviene proprio nel bulbo. Inoltre, il bulbo ha strutture adibite alle seguenti funzioni: la respirazione, il controllo del diaframma e i muscoli intercostali, il controllo del tono muscolare dei vasi, della frequenza cardiaca e della pressione sanguigna. Da questa zona del tronco emergono il nervo accessorio (XI paio), ipoglosso (XII paio), vago (X paio) e glossofaringeo (IX paio).

Dal tronco dell'encefalo passano i principali fasci ascendenti e discendenti del nostro organismo. Vediamo insieme i principali fasci ascendenti:

- il lemnisco mediale che trasporta informazioni relative alla discriminazione tattile fine e alla propriocezione (cioè al senso di posizione e movimento del corpo nello spazio);
- il fascio spino-talamico che veicola informazioni relative alla nocicezione (percezione del dolore);
- il lemnisco laterale che trasporta informazioni uditive;
- il lemnisco trigeminale che trasporta informazioni sensitive relative al distretto trigeminale (cioè alla faccia e agli organi annessi).

I principali fasci discendenti che attraversano il tronco dell'encefalo sono:

- fascio piramidale;
- fascio tetto-spinale;
- fascio vestibolo-spinale;
- fascio rubro-spinale;
- fascio reticolo-spinale.

31. Tronco dell'encefalo e omeostasi

Il concetto di omeostasi è stato introdotto per la prima volta da Walter Cannon e può essere definito come la capacità con la quale l'organismo riesce a mantenere uno stato stazionario nel suo funzionamento. L'omeostasi deve essere mantenuta dalla cellula più remota del nostro organismo, fino alle funzioni psichiche superiori. Metaforicamente è come se fossimo in equilibrio su una fune e il nostro corpo, dai piedi fino alla testa, deve essere in grado di stabilizzarsi sulla fune e di rimanere in equilibrio. Qualsiasi oscillazione a destra o a sinistra causano una perdita dell'omeostasi che deve essere prontamente ristabilita dall'organismo per ritornare in equilibrio.

Un esempio classico di omeostasi è la costanza della temperatura corporea del nostro organismo. Quando abbiamo la febbre, la nostra temperatura corporea aumenta e l'organismo combatte questa situazione per ritrovare l'omeostasi. Un altro esempio utile per capire è l'esempio di un vigile che per qualche minuto sta dentro il fuoco ad altissime temperature. La sua temperatura rimarrà costante ma in compenso perderà quasi un litro di sudore proprio per mantenere la temperatura costante.

L'omeostasi deve essere regolata sia in base alle modificazioni interne al corpo sia in base a quelle dell'ambiente esterno.

Ma qual è il nostro cervello omeostatico? È il tronco dell'encefalo che è composto da mesencefalo, ponte e bulbo. Il tronco dell'encefalo è responsabile della mediazione dei meccanismi di omeostasi emotiva. È coinvolto in diverse funzioni omeostatiche perché nel tronco dell'encefalo risiedono i centri respiratori, cardiaci e vestibolari. Il sistema vestibolare è fondamentale per il controllo dell'equilibrio e della postura che è garantito da segnali provenienti dall'orecchio interno che raggiungono i nuclei vestibolari del tronco dell'encefalo.

Se il tronco dell'encefalo è considerato il cervello omeostatico, possiamo parlare di encefalo omeostatico quando associamo tutte le altre strutture che elaborano l'omeostasi insieme al tronco dell'encefalo. In totale, tutto il sistema è regolato da:

- nuclei del tronco dell'encefalo;
  formazione reticolare del tronco dell'encefalo;
- sostanza grigia periacqueduttale;
- ipotalamo e prosencefalo basale;
- cervelletto;
- corteccia insulare e alcune aree della corteccia parietale somatosensitiva.

Per concludere, possiamo dire che il cervello omeostatico è il tronco dell'encefalo ma, ad ogni modo, tutto l'organismo si attiva per avere equilibrio e i tre sistemi che garantiscono questo processo di omeostasi sono: il sistema immunitario, quello endocrino e quello nervoso.

Nella prossima lezione parliamo del sistema nervoso autonomo che è strettamente connesso con il concetto di omeostasi e vedrete perché.

32. Il Sistema Nervoso Autonomo (SNA)

Nella lezione di introduzione al sistema nervoso abbiamo detto che quest'ultimo può essere suddiviso in: sistema nervoso centrale (SNC) e sistema nervoso periferico (SNP). Avevamo però anche detto che esistono altre suddivisioni, tra cui c'è il sistema nervoso autonomo (SNA) che, come dice la parola, è autonomo ossia indipendente a livello funzionale rispetto al SNC e in questa lezione cerchiamo di approfondire insieme le sue funzionalità e peculiarità, sempre e comunque senza pretesa di esaustività, soprattutto in questo argomento che è molto complesso e che abbraccia tutte le parti del nostro corpo.

Il sistema nervoso autonomo è un insieme di nervi periferici e di gangli che sono degli ammassi nervosi contenenti corpi dei neuroni. L'SNA è anche detto sistema nervoso vegetativo proprio perché regola le funzioni vegetative del nostro organismo che sono fondamentali per la nostra sopravvivenza e che si svolgono senza il coinvolgimento della coscienza. Come abbiamo detto più volte nelle lezioni precedenti, se queste funzioni non coinvolgono la coscienza allora non coinvolgeranno le strutture cerebrali superiori.

Tutte le reazioni fisiologiche che subentrano durante gli stati emotivi o l'attività fisica e che non implicano la coscienza, sono mediate dal sistema nervoso autonomo che ha l'obiettivo prioritario di mantenere l'omeostasi dell'intero organismo. Abbiamo parlato del concetto di omeostasi nella lezione precedente ma è bene rinfrescare un attimo il vostro studio ribadendo che per omeostasi ci si riferisce ad uno stato di assoluto equilibrio del nostro organismo.

L'SNA è, quindi, un importante sistema di controllo e modulazione delle funzioni vitali dell'organismo e interviene calibrando queste funzioni a seconda delle esigenze. Ad esempio, può regolare la frequenza cardiaca accelerandola o rallentandola a seconda della situazione, fisica ed emotiva, che il soggetto sta sperimentando.

Questa esigenza determina la presenza di due sistemi nel SNA: il sistema simpatico e il sistema parasimpatico che controllano gli stessi organi del corpo ma, molto spesso, hanno funzioni opposte. Vediamoli insieme.

Iniziamo con il **sistema simpatico** che è decisamente più complesso rispetto a quello parasimpatico e prende questo nome perché funziona in simpatia con le nostre emozioni e i nostri stati d'animo. Infatti, questo sistema predispone il nostro organismo alla famosa reazione fight or flight, ossia prepara il nostro corpo o all'attacco (fight) o alla fuga (flight) a seconda della situazione che il soggetto sta sperimentando. È proprio il sistema simpatico che attiva lo stato di ansia come preparazione alla difesa rispetto ad eventi stressanti, andando a modificare alcune funzionalità del nostro organismo in modo da prepararlo o all'attacco o alla fuga.

Aumenta, per esempio, il ritmo cardiaco e la pressione arteriosa, dilata le pupille, attiva una maggiore sudorazione e salivazione. Inoltre, dilata i bronchi per poter avere più ossigeno a disposizione e devia il flusso del sangue per irrorare maggiormente i muscoli scheletrici che si devono preparare all'azione, sia che sia l'attacco sia che sia la fuga. Al contrario chiude gli sfinteri del tratto gastro-enterico e gli sfinteri urinari. È proprio per questo motivo che, quando siamo in un forte stato di stress, possiamo non digerire o avere problematiche come la gastrite.

(Immagine:

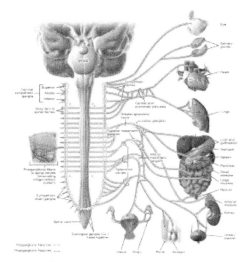

Sympathetic Innervation

Il sistema simpatico è composto da due neuroni: il neurone pregangliare e il neurone postgangliare. I neuroni pregangliari della catena simpatica formano una colonna di cellule che si estende dal primo segmento toracico (T1) agli ultimi segmenti lombari del midollo spinale (L4-L5). I neurotrasmettitori implicati in questo sistema sono l'acetilcolina e la noradrenalina.

- dal neurone pregangliare al neurone postgangliare entra in gioco l'aceticolina;
- dal Neurone postgangliare all'organo bersaglio entra in gioco la noradrenalina tranne quando gli organi bersaglio sono le ghiandole sudoripare dove il neurotrasmettitore che entra in gioco è, invece, l'acetilcolina.

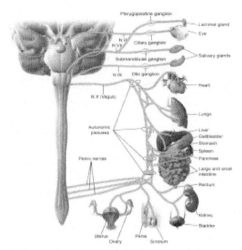

Parasympathetic Innervation

Il sistema nervoso parasimpatico non è toraco-lombare come quello simpatico ma si occupa di tutto il rachide. È, quindi, cervico sacrale. Questo sistema è formato soprattutto dal X paio di nervi cranici (il nervo vago) e dalle sue diramazioni. Vi rinfresco la memoria sul nervo vago che è il X paio ed è un nervo che vaga letteralmente lungo buona parte del nostro corpo partendo dal bulbo fino ad arrivare all'addome. Controlla persino alcuni tratti dei visceri come l'ultimo tratto dell'intestino. Inoltre, ha afferenze anche al cuore dove svolge una funzione bradicardica, ossia mantiene il battito cardiaco di base piuttosto basso. Vi lascio, quindi, immaginare quanto sia importante questo nervo. Se la sua funzionalità viene compromessa, si possono manifestare diversi sintomi come, per esempio, tachicardia, nausea e vomito, acidità di stomaco, mal di testa e rigidità del collo. Il neurotrasmettitore usato nel sistema parasimpatico è solo uno ed è l'acetilcolina.

Per ricapitolare, il sistema simpatico viaggia in simpatia con le nostre emozioni e i nostri stati d'animo e attiva diverse funzioni del nostro organismo per preparare il corpo alla reazione di lotta o fuga, detta reazione fight or flight. Il sistema parasimpatico interviene per controbilanciare il sistema simpatico che, reagendo alle emozioni, parte spesso per la tangente e ha, quindi, bisogno di un sistema che ne freni i bollenti spiriti.

L'SNA è controllato quasi totalmente dall'ipotalamo che conosceremo meglio nella prossima lezione. L'ipotalamo controlla l'SNA e, allo stesso tempo, la ghiandola pituitaria, detta ipofisi. Possiamo affermare, infatti, che l'asse ipotalamo-ipofisario è la mente mentre l'SNA è il braccio.

33. Ipotalamo e ipofisi

Nella lezione precedente abbiamo detto che il sistema nervoso autonomo viene controllato quasi totalmente dall'ipotalamo e che l'asse ipotalamo-ipofisi rappresenta la mente del SNA. In questa lezione approfondiamo insieme che cosa sono l'ipotalamo e l'ipofisi. Iniziamo con l'ipotalamo.

L'ipotalamo si trova in una zona centrale del cranio esattamente sotto il talamo e sopra l'ipofisi. È per questo che si chiama ipotalamo. Come abbiamo detto, è in una posizione protetta e mediana dove può prendere contatti con numerose strutture: l'encefalo, il tronco dell'encefalo, il sistema limbico fino ad arrivare al midollo spinale. È, però, importante sottolineare che questa struttura è indipendente dall'encefalo.

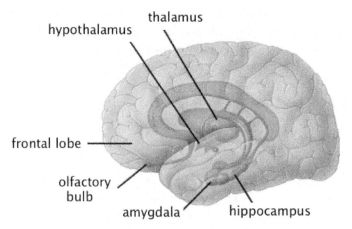

frontal lobe

olfactory bulb

amygdala

hippocampus

hypothalamus

thalamus

(Immagine: http://webspace.ship.edu/cgboer/limbicsystem.html)

L'ipotalamo ha un ruolo fondamentale all'interno del nostro organismo perché svolge diverse funzioni, tra le quali ne vediamo 3.

1. Innanzitutto, media gli stimoli per la sopravvivenza come, per esempio, la fame e la sete e regola il ciclo mestruale femminile. È, quindi, un vero e proprio collegamento tra SNC, sistema neuroendocrino ed SNA.

2. Una seconda funzione importante dell'ipotalamo è legata alla sua responsabilità nell'elaborazione delle emozioni e delle sensazioni di piacere e di dolore.

3. In ultimo, parliamo della funzione che racchiude un po' tutte le funzioni dell'ipotalamo insieme ed è legato alla sua azione sul sistema endocrino. In questa azione entra in gioco anche l'ipofisi che, abbiamo detto prima, si trova fisicamente al di sotto dell'ipotalamo. L'ipotalamo agisce sull'ipofisi attraverso neurormoni, i cui corpi risiedono nell'ipotalamo.

Vediamo insieme quali sono i principali ormoni:

TSH (Ormone tiroideo-stimolante): ha come organo bersaglio la tiroide, nella quale stimola la produzione di ormoni tiroidei.

ACTH (Ormone adrenocorticotropo): stimola il rilascio di ormoni che stimolano la secrezione di glucocorticoidi (come il cortisolo) e partecipano, quindi, alla regolazione del metabolismo glucidico.

FSH (Ormone follicolo stimolante): stimola le cellule follicolari ovariche a produrre estrogeni (estradiolo), mentre nel maschio controlla la spermatogenesi a livello testicolare.

LH (Ormone luteo stimolante o luteotropo): induce l'ovulazione e la trasformazione del follicolo che ha espulso l'ovulo in corpo luteo; le cellule di quest'ultimo producono progesterone in vista dell'eventuale gravidanza. Nell'uomo, l'ormone luteotropo stimola le cellule interstiziali a produrre androgeni (testosterone).

PRL (Prolattina): partecipa allo sviluppo della ghiandola mammaria e alla produzione di latte. Nel maschio stimola l'attività della prostata.

GH (Ormone somatotropo): è noto anche come ormone della crescita o somatotropina (STH); espleta un effetto anabolizzante influenzando il metabolismo proteico e stimolando l'accrescimento corporeo (soprattutto a livello muscolare e scheletrico). Aumenta inoltre il catabolismo dei lipidi e il risparmio del glucosio.

Esistono diverse patologie connesse a carico dell'ipotalamo come tumori, malformazioni congenite e traumi cranici.
In questa sede e visto l'obiettivo di questo corso vorrei però sottolineare che esiste un tipo di depressione grave, che colpisce circa il 4% della popolazione, connesso con un mal funzionamento dell'attività ipotalamica.

È un tipo di depressione non connessa con un'oggettiva "motivazione psicologica", e ha, quindi una predisposizione genetica. I principali sintomi sono gli stessi della depressione maggiore come, per esempio, umore depresso, perdita di stimoli, stanchezza, disturbi dell'appetito e del sonno e tendenze suicide.

34. L'ippocampo e la memoria

In questa lezione parliamo dell'ippocampo che prende questo nome proprio perché, nella seconda metà del '500, l'anatomista Aranzi studiò questa parte dell'encefalo e la accostò, dal punto di vista della forma, ad un cavalluccio marino.

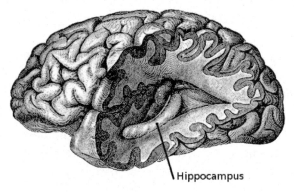

(Immagine: https://en.wikipedia.org/wiki/Hippocampus_anatomy)

La sua funzione non fu, però, chiara al principio perché l'ippocampo fu associato al senso dell'olfatto e spesso collegato al sistema limbico come organo responsabile delle emozioni. Solo nel '900 ci si rese conto che il ruolo fondamentale dell'ippocampo era legato alla memoria, a quelle funzioni che, tecnicamente, vengono chiamate funzioni mnestiche o mnemoniche.

L'ippocampo è un particolare ripiegamento del bordo della corteccia situato medialmente nel lobo temporale. Come abbiamo detto, esso è connesso con la memoria che può essere di diversi tipi. Troviamo, per esempio, la memoria esplicita che è quel tipo di memoria coinvolta nel pensiero conscio ed è il contrario della memoria implicita che, invece, non coinvolge la coscienza.

La memoria esplicita è anche detta dichiarativa proprio perché la persona ne è consapevole e l'informazione viene recuperata nel proprio magazzino mnestico con consapevolezza. È proprio per questo che tale memoria può essere verificata tramite dei test specifici che richiedono al soggetto di recuperare e, poi, riferire verbalmente la traccia mnestica. Questo tipo di memoria può essere a sua volta suddivisa in: memoria degli episodi e memoria semantica.

La memoria episodica è quel tipo di memoria esplicita che immagazzina tutte le nostre esperienze di vita, da cosa abbiamo fatto per il nostro diciottesimo compleanno a cosa abbiamo mangiato a cena ieri sera. La memoria episodica tiene traccia del nostro vissuto.
La memoria semantica è, invece, la memoria esplicita connessa con la parola e non con informazioni specifiche del singolo episodio. Essa comprende la conoscenza del significato delle singole parole. Per esempio, io memorizzo che il delfino è un mammifero e che la pesca ha una forma tonda.

Nei mammiferi l'immagazzinamento delle tracce della memoria esplicita comporta il potenziamento a lungo termine (LTP) a livello dell'ippocampo. Vi ricordate che cos'è il potenziamento a lungo termine? Vi rinfresco la memoria.

La long term potentiation è un fenomeno che è stato inizialmente osservato e studiato nel circuito ippocampale e, per questo motivo, si pensò che l'LTP riguardasse in modo circoscritto i processi di memorizzazione. In seguito, il fenomeno venne riscontrato anche in altre aree cerebrali. Per comprendere la dinamica sottostante alla costituzione dell'LTP, bisogna comprendere i 3 step della plasticità sinaptica:

1. il processo di plasticità sinaptica si innesca quando il neurone trasmittente si attiva, scarica il potenziale di azione e stimola una sinapsi eccitatoria di una determinata ampiezza verso il neurone bersaglio;
2. dopo qualche secondo, lo stesso neurone stimola la stessa sinapsi con una frequenza maggiore determinando un PPSE di ampiezza superiore;
3. la stimolazione ad alta frequenza lascia una traccia nella sinapsi, una specie di memoria, cosicché se dopo un certo lasso di tempo la sinapsi viene stimolata con una frequenza bassa, si genererà comunque un PPSE di ampiezza elevata come se la sinapsi fosse stata stimolata ad alta frequenza. Questo effetto indica che la sinapsi è stata potenziata ossia è andata incontro a LTP.

Proprio perché l'ippocampo deve mantenere a lungo in memoria le informazioni riguardanti la memoria esplicita, i suoi neuroni vanno incontro a modificazioni plastiche che comportano un LTP, ossia un potenziamento a lungo termine. Questo fenomeno è fondamentale per poter immagazzinare le tracce mnesiche perché grazie all'LTP si ha un notevole aumento delle sinapsi che facilitano apprendimento e memoria.

Sembra che sia l'attività colinergica nell'ippocampo la principale implicata nell'apprendimento. Clinicamente l'attività colinergica dell'ippocampo è fortemente ridotta nel morbo di Alzheimer.

Verifica delle lezioni 21-34

Rispondi alle seguenti domande multiple che riguardano le lezioni dalla 21 alla 34. Una sola risposta è quella corretta. Le soluzioni sono disponibili in fondo alla verifica.

1. Le vie ascendenti sono vie efferenti.
- Vero
- Falso

2. L'organo coinvolto nei processi mnestici è:
- Ipotalamo
- Ippocampo
- Ipofisi

3. Tutte le fibre nervose che compongono il fascio piramidale compiono la decussazione.
- Vero
- Falso

4. E' un dolore presente, per esempio, nelle malattie degenerative, oncologiche e neurologiche specie in fase avanzata.
- dolore acuto
- dolore cronico localizzato
- dolore cronico non localizzato

5. Il talamo è connesso con i cicli sonno-veglia.
- Vero
- Falso

6. Il neurone responsabile della sensibilità è:
- Neurone pseudounipolare
- Moto neurone
- Neurone unipolare

7. x è implicato in alcuni disturbi ossessivo-compulsivi:
- Talamo
- Ipotalamo
- Gangli della base

8. Tutto passa dal talamo tranne le sensazioni:
- uditive
- olfattive
- visive

9. Dolore che compare in seguito ad una lesione dell'SNC o una lesione periferica.
- dolore nocicettivo
- dolore neuropatico
- dolore idiopatico

10. Le cellule di Purkinje sono presenti in modo massiccio:
- nel talamo
- nel cervelletto
- nei gangli della base

11. Il nervo ipoglosso è il numero:
- VIII
- IX
- XII

12. I gangli della base hanno la funzione di generare il movimento
- Vero
- Falso

13. La via della sensibilità tattile/propriocettiva fa una prima sinapsi nel midollo spinale.
- Vero
- Falso

14. La via indiretta dei gangli della base facilita il movimento
- Vero
- Falso

15. La teoria del cancello dice che tra due stimoli, uno dolorifico e uno tattile, passa prima quello tattile
- Vero
- Falso

16. Il nervo coinvolto maggiormente nel sistema nervoso parasimpatico è:
- Il nervo IX vago
- Il nervo X vago
- Il nervo XI vago

17. La decussazione delle piramidi avviene all'altezza di:
- talamo
- bulbo
- cervelletto

18. L'omeostasi è la capacità con la quale l'organismo riesce a mantenere uno stato stazionario nel suo funzionamento
- Vero
- Falso

19. Il sistema prepiramidale è costituito da cervelletto, gangli della base, talamo e neuroni specchio.
- Vero
- Falso

20. Il cervelletto è un organo inibitore
- Vero
- Falso

Soluzioni

Le soluzioni sono sottolineate in giallo.

1. Le vie ascendenti sono vie efferenti.
- Vero
- **Falso (sono vie afferenti perché danno dalla periferia fino alla corteccia cerebrale)**

2. L'organo coinvolto nei processi mnestici è:
- Ipotalamo
- **Ippocampo**
- Ipofisi

3. Tutte le fibre nervose che compongono il fascio piramidale compiono la decussazione.
- Vero
- **Falso (l'80% compie l'inversione di marcia mentre il restante 20% prosegue il suo tragitto ipsilateralmente ossia dallo stesso lato del corpo dal quale le fibre sono partite)**

4. E' un dolore presente, per esempio, nelle malattie degenerative, oncologiche e neurologiche specie in fase avanzata.
- dolore acuto
- dolore cronico localizzato
- **dolore cronico non localizzato**

5. Il talamo è connesso con i cicli sonno-veglia.
- **Vero**
- Falso

6. Il neurone responsabile della sensibilità è:
- **Neurone pseudounipolare**
- Moto neurone
- Neurone unipolare

7. x è implicato in alcuni disturbi ossessivo-compulsivi:
- Talamo
- Ipotalamo
- **Gangli della base**

8. Tutto passa dal talamo tranne le sensazioni:
- uditive
- **olfattive**
- visive

9. Dolore che compare in seguito ad una lesione dell'SNC o una lesione periferica.
- dolore nocicettivo
- **dolore neuropatico**
- dolore idiopatico

10. Le cellule di Purkinje sono presenti in modo massiccio:
- nel talamo
- **nel cervelletto**
- nei gangli della base

11. Il nervo ipoglosso è il numero:
- VIII
- IX
- **XII**

12. I gangli della base hanno la funzione di generare il movimento
- Vero
- **Falso (hanno la funzione di regolare il movimento)**

13. La via della sensibilità tattile/propriocettiva fa una prima sinapsi nel midollo spinale.
- Vero
- **Falso (è la via della sensibilità termica/dolorifica che fa una prima sinapsi nel midollo spinale)**

14. La via indiretta dei gangli della base facilita il movimento
- Vero

- **Falso (inibisce il movimento)**

15. La teoria del cancello dice che tra due stimoli, uno dolorifico e uno tattile, passa prima quello tattile
- **Vero**
- Falso

16. Il nervo coinvolto maggiormente nel sistema nervoso parasimpatico è:
- Il nervo IX vago

- **Il nervo X vago**

- Il nervo XI vago

17. La decussazione delle piramidi avviene all'altezza di:
- talamo
- **bulbo**
- cervelletto

18. L'omeostasi è la capacità con la quale l'organismo riesce a mantenere uno stato stazionario nel suo funzionamento
- **Vero**
- Falso

19. Il sistemaprepiramidale è costituito da cervelletto, gangli della base, talamo e neuroni specchio.
- Vero

- **Falso (cervelletto, gangli della base, corteccia premotoria e neuroni specchio)**

20. Il cervelletto è un organo inibitore
- **Vero**
- Falso

Riferimenti bibliografici

BIBLIOGRAFIA

Ansermet, F., Magistretti, P., *A ciascuno il suo cervello. Plasticità neuronale e inconscio*, Bollati Boringhieri, 2008

Chopra, D., Tanzi, R., *Super Brain*, Sperling & Kupfer, 2013

Cozzi, B., Granato, A., Merighi, A., *Neuroanatomia dell'uomo*, Delfino Antonio Editore, 2009

Kandel, E., Schwartz, J. H., *Fondamenti delle neuroscienze e del comportamento*, CEA, 1999

Lezioni universitarie del professor Andrea De Giorgio, Università ecampus

SITOGRAFIA

www.lescienze.it

www.nationalgeographic.it

RIVISTE

Mente e Cervello. Il mensile di psicologia e neuroscienze (Le Scienze)

PROGRAMMI TELEVISIVI

Cosa ti dice il cervello? (National Geographic)

Printed by Amazon Italia Logistica S.r.l.
Torrazza Piemonte (TO), Italy

59437495R00077